Σ BEST シグマベスト

# 高校 これでわかる
# 生物基礎

文英堂編集部 編

文英堂

# 基礎からわかる！

## 成績が上がるグラフィック参考書。

**1**
ワイドな紙面で，
わかりやすさ
バツグン

**2**
わかりやすい
図解と斬新
レイアウト

**3**
イラストも満載，
面白さ満杯

**4**
### どの教科書にもしっかり対応

▶ 学習内容が細かく分割されているので，
どこからでも能率的な学習ができる。

▶ テストに出やすいポイントが
ひと目でわかる。

▶ 方法と結果だけでなく，考え方まで示した
重要実験。

▶ 図が大きくてくわしいから，図を見ただけ
でもよく理解できる。

▶ 生物の話題やクイズを扱った ホッとタイム
で，学習の幅を広げ，楽しく学べる。

**5**
章末
の定期テスト
予想問題で試験
対策も万全！

# もくじ

# 2編 生物の体内環境の維持

## 1章 個体の恒常性の維持

## 2章 体内環境の調節と免疫

# ③編 生物の多様性と生態系

## 1章 植生とその移り変わり

## 2章 生態系とその保全

# 1編

# 細胞と遺伝子

# 1章 生物の多様性と共通性

## 1 生命とは

### ✿1. 種
生物を分類する基本単位。

### ✿2. 多様性と共通性
生物には，分子，細胞，組織から生態系のレベルなどさまざまな階層で多様性と共通性が見られる。
例 同じヒトでも身長・体重などの個体差があるが，ヒトという種に共通する形質がある。
例 森林・草原・砂漠・川・海など多様な生態系がある。

### ✿3. 適応
生物の形態や機能が，生息環境に適するようになっていること。

### ✿4. 原核生物(⇒ p.10)
核をもたない細胞でからだができている生物。シアノバクテリアや大腸菌など，細菌と総称される生物はすべて原核生物である。

### ✿5. 原生生物
からだが単細胞または未発達な真核生物。

■ 現在の地球上には190万種以上の多様な生物種が，さまざまな環境のもとで生息している。

## 1 多様な生物に見られる共通点

■ **共通性** 生物は多様性に富む一方で，共通性もある。これは，すべての生物が共通の祖先から進化してきたためであり，からだの構造や機能，エネルギー調達のしくみなどに共通性が見られる。

■ **連続性(遺伝と進化)** 生物は遺伝によって親の形質を受け継ぐが，世代を重ねるうちに，祖先の生物とは形質が少しずつ変化して進化していく。

すべての生物は共通の祖先から進化してきたため，連続性をもって変化している例も見られる。例えば，脊椎動物を陸上生活への適応という観点で見ると，発生のしかた・形態・機能などの点で，両生類→ハ虫類→鳥類・哺乳類へと連続的な変化が見られる。

このように，共通の祖先がさまざまな生息環境に適応しながら，いろいろな方向に分岐しつつ進化したため，生物には多様性，共通性，連続性があるのである。

■ **系統** 生物が進化してきた道筋を系統という。系統の分岐のようすを，枝分かれした樹木のような形に示したものを系統樹という。生物の共通の祖先は，単細胞の原核生物だったと考えられている。

> **ポイント** 生物は共通の祖先から連続的に進化してきた。
> ⇒生物は多様だが，すべての生物に共通する特徴がある。

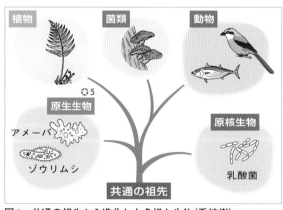

植物　菌類　動物
原生生物
アメーバ
ゾウリムシ
原核生物
乳酸菌
共通の祖先

図1．共通の祖先から進化した多様な生物(系統樹)

# ② 生物に共通する５つの特徴

■ 地球上のすべての生物には，次の５つの基本的な特徴がある。

①**細胞からなる** 生物のからだは，１つまたは複数の細胞からできている。また，細胞は膜により外界と隔たれている。

②**DNAをもつ** 遺伝物質としてDNA（デオキシリボ核酸）を利用している。

③**自分と同じ形質をもつ個体をつくる（生殖）**

生物のもつ**遺伝情報**は，細胞分裂によって細胞から細胞に伝えられ，また，生殖によって親から子へと受け継がれる。そのため生物は，自分と同じ形質をもつ子孫をつくる。

④**エネルギーを利用する** 生物は，いろいろな化学反応（代謝 ⇨ p.14）を，エネルギーを利用して行っている。そのため，何らかの方法でエネルギーを調達する必要がある。

植物は，光合成（⇨ p.16）により太陽の光エネルギーを有機物の中の化学エネルギーに変換し，そのエネルギーを利用して生きている。

動物は，植物がつくった有機物を，直接・間接的に取り入れ，呼吸（⇨ p.18）によって分解し，そのとき取り出した化学エネルギーを利用している。その化学エネルギーは，ATP（アデノシン三リン酸 ⇨ p.15）を仲立ちとして生命活動に利用される。

⑤**体内の環境を一定に保つ** 生物は，まわりの環境が変化しても体内の状態を一定に保とうとするしくみをもっている。これを，**恒常性（ホメオスタシス** ⇨ p.56）という。

> **ポイント**
> 生物に共通する５つの特徴
> ① 細胞からなる。
> ② DNAをもつ。
> ③ 自分と同じ形質をもつ個体をつくる。
> ④ エネルギーを利用する。
> ⑤ 体内の環境を一定に保つ。

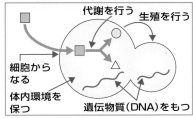

図2. 生物に共通する特徴
生物の共通の祖先が約40億年前に出現したときにもっていた基本的な特徴を，すべての生物が受け継いでいる。

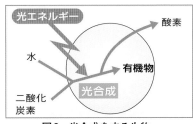

図3. 光合成をする生物

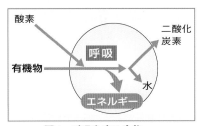

図4. 呼吸をする生物

✿6. 細胞内で光合成や呼吸を行う部分（⇨ p.16~19）
植物や動物の細胞では，光合成は葉緑体，呼吸（細胞呼吸）はミトコンドリアで行われている。葉緑体やミトコンドリアは，光合成をするシアノバクテリアや呼吸をする細菌が，ほかの生物に共生するようになってできたと考えられている。

# 2 細胞のつくりの共通性

参考 細胞発見の歴史

● 細胞の発見(1665年)
　**ロバート フック**　コルク片の細胞壁を観察し，cell と命名。

図5. フックの顕微鏡

● 細胞説
　「すべての生物のからだは細胞からできている」という説。1838年にシュライデンが植物について，1839年にシュワンが動物について提唱した。

　生物のからだは，すべて細胞からできている。そして，アメーバのような単細胞生物でも，ヒトのような多細胞生物でも，その基本的なつくりや機能は共通している。

## 1 植物細胞と動物細胞

　植物や動物のからだをつくる細胞は，核と細胞質に分けられる。真核細胞を顕微鏡で観察すると，核をはじめ，葉緑体やミトコンドリアなどの細胞小器官が見られる。

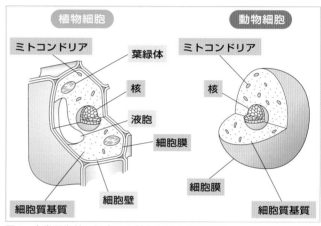

図6. 光学顕微鏡で観察した植物細胞と動物細胞

図7. 電子顕微鏡で観察した植物細胞と動物細胞　発展 リソームは，細胞内消化に関係する。

| 特徴 | 見え方 |
|---|---|
| 二重の膜に囲まれ，内部には袋状のチラコイドが層になったグラナ，基質部分のストロマがある。光合成を行う。 | **葉緑体**　ストロマ／チラコイド／グラナ |
| 液胞の内部には細胞液が入っており，炭水化物，無機塩類，色素などの貯蔵や体液濃度の調節に役立っている。 | **液胞**　液胞膜 |
| リボソームはタンパク質合成の場。小胞体は，合成されたタンパク質の移動経路。 | **粗面小胞体**　小胞体／リボソーム |

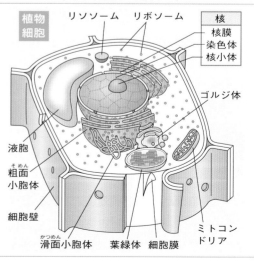

植物細胞

リソーム　リボソーム
核
核膜
染色体
核小体
ゴルジ体
液胞
粗面小胞体
細胞壁
滑面小胞体　葉緑体　細胞膜
ミトコンドリア

# ② 細胞のつくりとその働き

■ 細胞小器官の働きは次の表のようにまとめられる。

表1. 細胞小器官の働きと特徴

| 細胞小器官 | | 働きや特徴 |
|---|---|---|
| 核 | 核膜 | 核と細胞質をしきる膜で，物質が出入りする。 |
| | 染色体 | 遺伝子の本体である**DNA**とタンパク質からできている。 |
| 細胞質 | 細胞膜 | 細胞内外をしきる膜で，細胞内外の物質の出入りを調節する。 |
| | ミトコンドリア (⇨p.18) | 呼吸に関する多くの酵素(⇨p.20)をもつ。酸素を使って有機物を分解して生命活動に必要なエネルギーを取り出す**呼吸の場**。 |
| | 葉緑体 (⇨p.16) | 緑色の色素クロロフィルを含む，**光合成の場**。光エネルギーを利用して，水と二酸化炭素から有機物を合成する。植物細胞に存在。 |
| | 液胞 | 内部に糖やアントシアン(紫や赤の色素)などからなる細胞液を含んでいる。植物細胞で発達している。 |
| | 細胞質基質 (サイトゾル) | 多くの酵素を含む，代謝やエネルギー代謝の場(⇨p.14)。なお，基質とはある物質や構造の基盤となる物質の総称である。 |
| | 細胞壁 | **セルロース**などからなり，植物細胞の形を保つ。植物細胞に存在。 |

**ポイント**

| | 植物細胞 | 動物細胞 |
|---|---|---|
| ミトコンドリア | あり | あり |
| 葉緑体 | あり | なし |
| 細胞壁 | あり | なし |
| 液胞 | 発達している | 発達していない |

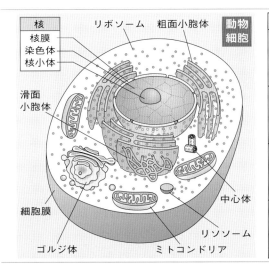

| 見え方 | | 特徴 |
|---|---|---|
| 核 | 核小体／核膜／染色体 | 核内に細い糸状の染色体があり，細胞全体の生命活動をコントロールしている。 |
| ミトコンドリア | クリステ／マトリックス | 二重の膜に囲まれ，ひだ状の内膜をクリステ，内膜に囲まれた部分をマトリックスという。 |
| 中心体 | | 中心に2つの中心粒を含む。細胞分裂時の染色体の移動や，べん毛の形成などに関係する。 |
| ゴルジ体 | | 細胞で合成した物質を細胞外に出す。消化腺など分泌の盛んな動物細胞で発達している。 |

# 細胞に見られる多様性

| 細胞のつくり | 原核細胞 | 真核細胞 植物細胞 | 真核細胞 動物細胞 |
|---|---|---|---|
| 核膜 | × | ○ | ○ |
| 細胞膜 | ○ | ○ | ○ |
| ミトコンドリア | × | ○ | ○ |
| 葉緑体 | × | ○ | × |
| 細胞壁 | ○ | ○ | × |
| 液胞 | × | ○ | ○※ |

表2. 原核細胞と真核細胞の比較
○は存在する，×は存在しない。
※動物細胞の液胞は非常に小さい。

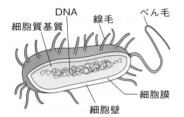

図8. 原核生物のからだのつくり
原核細胞は細胞壁をもつ。

　生物のからだをつくる細胞の基本的なつくりは共通だが，核をもたない細胞や，単細胞生物のように単独で生命活動を行う細胞があるなど，細胞レベルでの多様性も見られる。

## 1 真核細胞と原核細胞

　**真核細胞**　核膜で包まれた核をもつ細胞を**真核細胞**といい，ミトコンドリアなど核以外の細胞小器官も見られる。真核細胞でからだができている生物を**真核生物**という。
例 動物，植物，原生生物の生物の細胞
　**原核細胞**　遺伝物質としてDNAをもつが，それを囲む核膜がなく，核をもたない細胞を**原核細胞**という。原核細胞でからだができている生物を**原核生物**という。
例 大腸菌，シアノバクテリア

ポイント
真核細胞…核などの細胞小器官をもつ細胞。
真核生物…真核細胞でからだができている生物。
原核細胞…核をもたない細胞。
原核生物…原核細胞でからだができている生物。

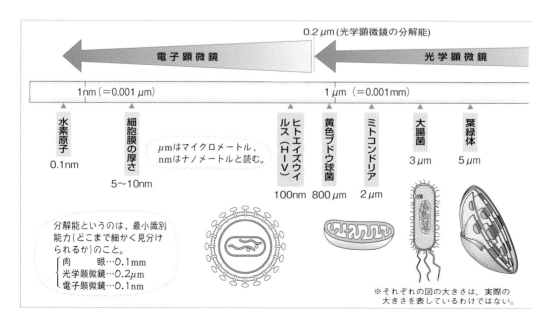

0.2μm(光学顕微鏡の分解能)

電子顕微鏡　　　光学顕微鏡

1nm（＝0.001μm）　　　1μm（＝0.001mm）

水素原子 0.1nm

細胞膜の厚さ 5〜10nm

μmはマイクロメートル，nmはナノメートルと読む。

ヒトエイズウイルス（HIV） 100nm

黄色ブドウ球菌 800μm

ミトコンドリア 2μm

大腸菌 3μm

葉緑体 5μm

分解能というのは，最小識別能力（どこまで細かく見分けられるか）のこと。
　肉　　眼…0.1mm
　光学顕微鏡…0.2μm
　電子顕微鏡…0.1nm

※それぞれの図の大きさは，実際の大きさを表しているわけではない。

## ② 単細胞生物と多細胞生物

■ **単細胞生物の細胞**　単細胞生物は，細胞1個で独立して生活している生物である。単細胞生物では，生命活動に必要なすべての機能が1つの細胞の中に備わっている。

例 ゾウリムシ，ミドリムシ，アメーバ

■ **多細胞生物**　さまざまな形や機能に分化した複数の細胞からなる生物である。多細胞生物では，いくつかの細胞が集まって組織をつくり，さらにそれらが集まって器官をつくる。

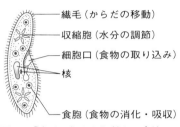

繊毛（からだの移動）
収縮胞（水分の調節）
細胞口（食物の取り込み）
核
食胞（食物の消化・吸収）

図9．ゾウリムシのからだのつくり
（　）の中はそれぞれの部分の機能

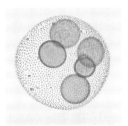

図10．オオヒゲマワリ
一定数の細胞が集まって細胞群体という構造をつくる。

参考 **ウイルス**
ヒト免疫不全ウイルス（HIV），バクテリオファージ（T₂ファージなど）などのウイルスは，遺伝物質として核酸をもつが，単独では増殖できないため，生物と無生物の中間の存在とされる。

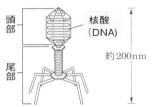

頭部
核酸（DNA）
尾部
約200nm

図11．T₂ファージ
細菌に侵入して増殖する。頭部の中にあるDNA以外はタンパク質でできている。

## ③ さまざまな細胞などの大きさ

■ 細胞の大きさや形は非常に多様性に富んでいる。図12を見て，視覚的に理解しておこう。

図12．細胞の形と大きさ

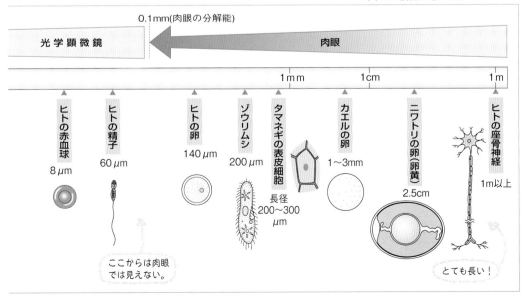

0.1mm(肉眼の分解能)
光学顕微鏡　　肉眼
1mm　1cm　1m

ヒトの赤血球　8μm
ヒトの精子　60μm
ヒトの卵　140μm
ゾウリムシ　200μm
タマネギの表皮細胞　長径200～300μm
カエルの卵　1～3mm
ニワトリの卵（卵黄）　2.5cm
ヒトの座骨神経　1m以上

ここからは肉眼では見えない。

とても長い！

# 4 細胞を構成する物質 発展

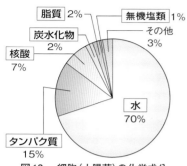

脂質 2% 無機塩類 1%
炭水化物 2% その他 3%
核酸 7%
水 70%
タンパク質 15%

図13. 細胞(大腸菌)の化学成分

■ 細胞は，水・タンパク質・核酸・炭水化物・脂質・無機塩類などの化学物質で構成されている。

## 1 最も多いのは水

■ **水($H_2O$)** 生物の構成成分の中で**最も多い物質は水**である。水は，いろいろな**物質を溶かす**ことができ，物質の運搬や化学反応の場として働く。

■ **比熱** 1gの物質の温度を1℃上げるのに必要な熱量をその物質の比熱という。水は比熱が大きいので，体温の急激な変化を防ぐことができる(恒常性の維持(⇨p.56)に役立つ)。

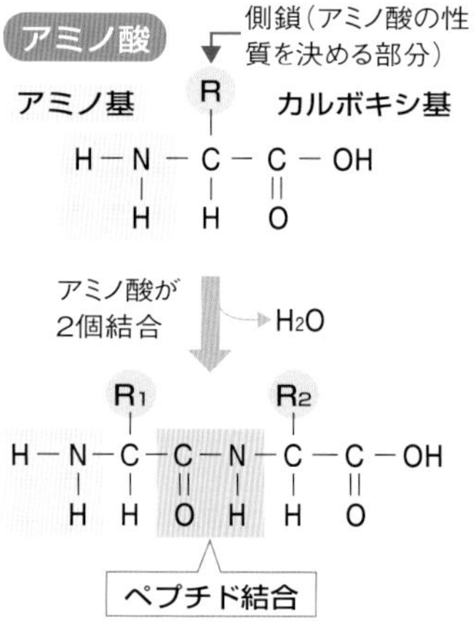

## 2 種類が最も多いのはタンパク質

■ **タンパク質** C(炭素)，H(水素)，O(酸素)，N(窒素)，S(硫黄)からなる。生物を構成する有機物の中では**最も割合が多く，種類も最も多い**。タンパク質は，**アミノ酸が鎖状に多数つながった化合物**で，そのつながり方により，ヘモグロビンや酵素(⇨p.20)，ホルモン(⇨p.66)，抗体(⇨p.86)など，さまざまな機能をもつ物質の成分になったり，毛やつめなどのからだの構造をつくったりする。

■ **ペプチド結合** 2つのアミノ酸の間で，一方のアミノ酸の**カルボキシ基**と他方のアミノ酸の**アミノ基**から水1分子が取れて結合する。これを**ペプチド結合**という。これがくり返され，タンパク質となる。

■ **タンパク質の構造** タンパク質は，複雑な立体構造をとる大きな分子で，熱や強い酸・アルカリなどで立体構造が変化する(変性)。

**アミノ酸**

側鎖(アミノ酸の性質を決める部分)

R
アミノ基 カルボキシ基

H－N－C－C－OH
　　H　H　H　O

アミノ酸が2個結合 ⟶ $H_2O$

R₁　　　　R₂
H－N－C－C－N－C－C－OH
　　H　H　O H H　H　O

ペプチド結合

図14. アミノ酸とペプチド結合

✿1. ポリペプチド
多数のアミノ酸がペプチド結合によって多数つながったもの。

図15. タンパク質の構造

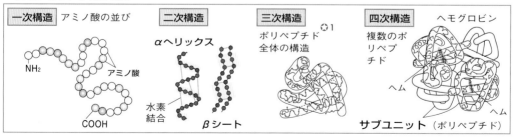

一次構造 アミノ酸の並び
NH₂
アミノ酸
COOH

二次構造
αヘリックス
水素結合
βシート

三次構造
ポリペプチド全体の構造 ✿1

四次構造
複数のポリペプチド
ヘモグロビン
ヘム
ヘム
サブユニット(ポリペプチド)

## ③ 遺伝物質となる核酸

■ **核酸** C, H, O, N, P(リン)からなる。塩基・糖・リン酸からなる**ヌクレオチド**が鎖状に多数つながった化合物で, DNA(デオキシリボ核酸)とRNA(リボ核酸)がある。**二重らせん構造をした**DNAの塩基配列は遺伝情報となっている(⇨p.31)。

## ④ エネルギー源となる炭水化物

■ **炭水化物** C, H, Oからなる。グルコースなどの単糖類や, 単糖類が多数結合した多糖類のデンプンやセルロースなどがある。**グルコースやデンプンはエネルギー源, セルロース**は細胞壁の主成分となる。

## ⑤ 細胞膜の成分は脂質

■ **脂質** 脂肪やリン脂質など水に溶けない性質をもつ物質。脂肪酸とグリセリンからなる**脂肪はエネルギー源,**リンを含む**リン脂質**は細胞膜の主成分となる。

## ⑥ 無機塩類も大事な栄養素

■ 生物にとって必要不可欠な, 金属イオンを含む無機物を無機塩類という。ミネラルともいう。

・P(リン)は骨やATP, 核酸(DNA, RNA)の成分。
・Ca(カルシウム)は歯や骨の成分。筋肉の収縮や血液凝固にも関与。
・Cl(塩素)は体液濃度の調節に関与。
・Na(ナトリウム)は神経系の信号伝達や体液濃度の調節に関与。
・K(カリウム)は神経系の信号伝達に関与。
・Mg(マグネシウム)はクロロフィル(⇨p.16)の成分。
・Fe(鉄)はヘモグロビンの成分。

**水**：物質を溶かし運搬する。化学反応の場となる。
**タンパク質**：アミノ酸が多数つながった化合物。そのつながり方により多様な構造と機能をもつ。
**核酸**：DNAとRNAがある。DNAは遺伝子の本体。
**炭水化物, 脂質**：エネルギー源になったり, 細胞の成分となったりする。

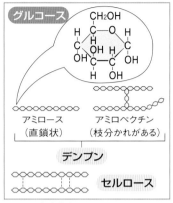
図16. 炭水化物

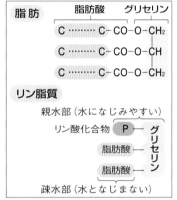
図17. 脂質
リン脂質は, 脂肪の脂肪酸1個がリン酸化合物に変わったもの。

■ 細胞内では，いろいろな化学反応が起こっている。

## 1 代謝

■ **代謝** 細胞内で起こる物質の合成・分解などのいろいろな化学反応（物質の変化）をまとめて**代謝**という。

■ **同化** 光合成などのように，$CO_2$や$H_2O$などの簡単な物質から自分に有用な物質（有機物）を合成する過程を**同化**という。同化はエネルギーを吸収する反応である。

■ **異化** 呼吸などのように，複雑な有機物を分解して簡単な物質にする過程を**異化**という。異化はエネルギーを放出する反応である。

> **ポイント**
> 代謝…細胞内の化学反応。同化と異化。
> 同化…有機物を合成。
> 異化…有機物を分解。

## 2 独立栄養生物と従属栄養生物

■ **独立栄養生物** 無機物から有機物を合成し，体外から有機物を取り込まずに生活できる生物を**独立栄養生物**という。

**○ 1. 代謝**

代謝 { 同化：物質の合成
　　　　炭酸同化（光合成など）
　　　　窒素同化
　　　異化：物質の分解
　　　　呼吸

**○ 2.** 植物が同化によって合成する有機物は，**炭水化物，タンパク質，脂質，核酸**などである。

**○ 3. 独立栄養生物**
独立栄養生物は無機物から有機物を生産するので，生態系（⇨ p.114）では生産者と呼ばれる。

**○ 4. 従属栄養生物**
従属栄養生物は，生産者がつくった有機物を直接・間接的に利用するので，生態系では消費者と呼ばれる（⇨ p.114）。

例 植物，光合成細菌（シアノバクテリアなど）

■ **従属栄養生物**
無機物から有機物を合成することができず，ほかの生物がつくった有機物を取り込んで生活している生物を**従属栄養生物**という。

例 動物，菌類

図18. 独立栄養生物と従属栄養生物の同化と異化

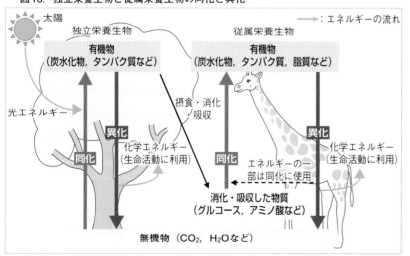

太陽
独立栄養生物　　　　　　　　従属栄養生物　　　　　→：エネルギーの流れ
有機物（炭水化物，タンパク質など）　　有機物（炭水化物，タンパク質，脂質など）
光エネルギー
摂食・消化・吸収
異化　　　　　　　　　　　　　　　異化
化学エネルギー（生命活動に利用）　　化学エネルギー（生命活動に利用）
同化　　　　同化
エネルギーの一部は同化に使用
消化・吸収した物質（グルコース，アミノ酸など）
無機物（$CO_2$，$H_2O$など）

# ③ ATP—エネルギーの通貨

■ **ATP** 代謝におけるエネルギーの受け渡しは，ATP(アデノシン三リン酸)という物質が仲立ちをしている。

■ **高エネルギーリン酸結合** ATPは，塩基である**アデニン**[5]と糖の一種である**リボース**[6]に3個の**リン酸**が結合した化合物である。このリン酸どうしの結合を**高エネルギーリン酸結合**といい，この結合が切れるとき多量のエネルギーが放出される。

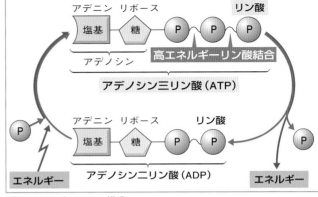

図19. ATPとADPの構造

■ **エネルギーの通貨** 生体内では，ATPをADP(アデノシン二リン酸)とリン酸に分解するときに放出されるエネルギーを生命活動に利用している。また，異化などで生じたエネルギーは，ADPをATPに合成して蓄えている。

生体内で起こる物質の合成・筋収縮・発光・発電など，生命活動で利用されるエネルギーはすべてATPから取り出されたものが使われる。これはすべての生物に共通するため，ATPは「**エネルギーの通貨**」とも呼ばれる。

✿ **5. アデニン**(⇨ p.30)
アデニンはDNAを構成する塩基の1つでもある。同じアデニンを遺伝暗号にもエネルギー源であるATPにも利用しているのである。

✿ **6. リボース**(⇨ p.30)
リボースは5個の炭素原子を含む糖の1つで，$C_5H_{10}O_5$で示される。アデニンとリボースが結合したものをアデノシンと呼ぶ。

> **ポイント**
> 〔ATP(アデノシン三リン酸)〕
> アデニン(塩基)＋リボース(糖)＋3個のリン酸
> リン酸どうしの結合は高エネルギーリン酸結合
> 生命活動の「エネルギーの通貨」となる。

図20. エネルギーの通貨としてのATPの働き

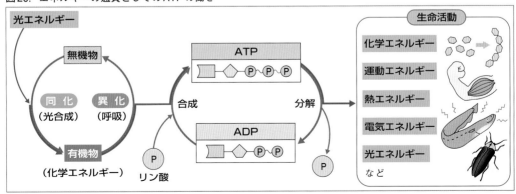

# 6 光合成

■ 植物の緑葉に日光が当たると，二酸化炭素($CO_2$)と水からグルコース(ブドウ糖)などの有機物がつくられる。

## 1 光合成の反応

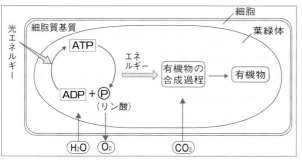

図21．光合成の反応

■ **光合成** 光エネルギーを利用した$CO_2$の同化(炭酸同化)を光合成といい，次のような式で示される。

二酸化炭素＋水＋光エネルギー
($CO_2$)　($H_2O$)

$$\longrightarrow 有機物＋酸素$$
$$(C_6H_{12}O_6)\ (O_2)$$

■ **光合成の反応は2段階**

①葉緑体が光エネルギーを吸収すると，ADPとリン酸からATPを合成。

②①でつくられたATPの化学エネルギーを利用して，有機物を合成。

>
> 光合成は$CO_2$の同化であり，葉緑体で行われる。
> $CO_2＋H_2O＋光エネルギー \longrightarrow 有機物＋O_2$

## 2 葉緑体の構造と光合成色素 [発展]

■ **葉緑体の構造** 葉緑体は大きさが約5μm。内部にはチラコイドという扁平(へんぺい)な袋状構造があり，その間を埋める基質の部分をストロマという。また，チラコイドが層になったものをグラナという。

■ **光合成色素** 葉緑体のチラコイド膜には，光合成色素が含まれ，緑葉では，クロロフィル，カロテノイド(橙色)などの光合成色素が含まれている。

図22．葉緑体の構造

>
> 葉緑体…二重の膜で包まれ，内部にチラコイドとストロマがある。
> 光合成色素…葉緑体のチラコイド膜に含まれている。

# ③ 光合成のくわしいしくみ 　発展

■ **チラコイドで起こる反応**　葉緑体の**チラコイド**では次の3つの反応が起こっている。

①**光エネルギーの吸収**　クロロフィルなどの光合成色素が光エネルギーを吸収する（光化学反応）。

②**水の分解**　①に伴い，水が分解され酸素と水素と電子がつくられる。酸素は気孔から排出される（酵素反応）。また，NADPH がつくられる（酵素反応）。

③**ATPの合成**　②に伴って，チラコイドの膜上の**電子伝達系**でADPとリン酸から，ATPが合成される（酵素反応）。

■ **ストロマで起こる反応**　ストロマでは，チラコイドでつくられたATPとNADPHを使って次の反応が行われる。

④**二酸化炭素の固定**　ストロマでは，何段階もの酵素反応を経て二酸化炭素からグルコースなどの有機物が合成される。この反応はエネルギー吸収反応であり，ATPのエネルギーが利用される。この過程を**カルビン回路**という（酵素反応）。

■ **光合成の化学反応式**　光合成全体の反応は次のような式で示される。

$$6CO_2 + 12H_2O + 光エネルギー \longrightarrow C_6H_{12}O_6 + 6O_2 + 6H_2O$$

 **ポイント**
> チラコイド…光エネルギーの吸収，水の分解，ATPの合成を行う。
> ストロマ…カルビン回路で，二酸化炭素からグルコースなどを生成する。

### ☘ 1. NADPとNADPH
NADP（ニコチンアミド・アデニン・ジヌクレオチドリン酸）は，水素を運搬する酵素の補助成分である。$NADP^+$に$H^+$と電子が結びついてNADPHとなる。

### ☘ 2. 電子伝達系
電子がチラコイド膜上のタンパク質の間を受け渡され，ATPを合成する過程を，電子伝達系という。電子伝達系は，ミトコンドリアの内膜上にもある。

### ☘ 3. カルビン回路
ATPとNADPHを用いて二酸化炭素からグルコースなどの有機物を合成する回路状の経路。カルビンらが発見したためこの名がある。

### ☘ 4. グルコースの行方
光合成で合成されたグルコースは，一時的に同化デンプンに合成され，夜間などにスクロースになって師管を通って根・茎などに運ばれ，貯蔵される。これを転流という。

図23. 葉緑体での光合成のしくみ

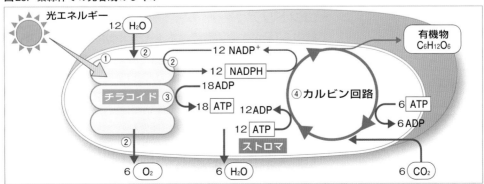

# 7 呼吸

■ 細胞は，酸素を利用して有機物を分解し，ATPの形で
エネルギーを取り出す。この過程が呼吸である。

## 1 燃焼と呼吸のちがい

■ **燃焼** 有機物が燃焼するときには，有機物が酸素と直
接結びつき，急激に光や熱の形でエネルギーを放出しなが
ら，二酸化炭素と水になる。

■ **呼吸** 呼吸も，呼吸の材料(**呼吸基質**)である有機物
が酸素と結びついて二酸化炭素と水になる過程である。し
かし，呼吸の反応は段階的にゆっくり進むため，光や多量
の熱を放出することはない。燃焼では光や熱になってしま
うエネルギーを，呼吸では徐々に取り出し，そのエネル
ギーによって**ATPの合成**を行っている。

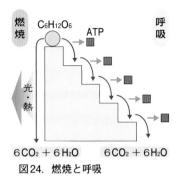
図24. 燃焼と呼吸

$$\text{有機物} + \text{酸素} \longrightarrow \text{二酸化炭素} + \text{水} + \text{ATP}$$
$$(C_6H_{12}O_6)\ (O_2) \qquad (CO_2) \quad (H_2O)$$

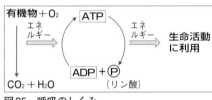
図25. 呼吸のしくみ

> **ポイント**
> 呼吸…有機物を段階的に分解してエネル
> ギーを取り出し，そのエネルギーで
> ATPの合成をする。
> 有機物＋酸素
> ⟶ 二酸化炭素＋水＋ATP

## 2 呼吸

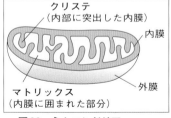
図26. ミトコンドリア

■ **ミトコンドリア** 呼吸は，おもに細胞内にある**ミト
コンドリア**で進行する。ミトコンドリア内で生成した多
量のATPが生命活動のエネルギーとして使われる。

■ **酸素を使わない呼吸** **発展** 酵母は，酸素を使わずに
有機物をピルビン酸に分解してATPをつくり，ピルビン
酸をエタノールにしている。これを**アルコール発酵**と
いう。

> **ポイント**
> 呼吸は，おもにミトコンドリア内で進行する。

**✿1. 発展** ミトコンドリアをも
たない原核生物などでは，酸素を
使わずに有機物を分解し，エネル
ギーを得ている。これを発酵とい
い，エタノールができる発酵をア
ルコール発酵という。このほか，
乳酸ができる乳酸発酵がある。

## ③ 呼吸のくわしいしくみ 【発展】

■ **呼吸の反応式** グルコース(ブドウ糖$C_6H_{12}O_6$)は，多くの生物の主要なエネルギー源である。グルコースが呼吸基質である場合，呼吸の反応式は次のようになる。

$$C_6H_{12}O_6+6O_2+6H_2O \longrightarrow 6CO_2+12H_2O+ATP$$

■ **呼吸の3段階** 呼吸の過程は，次の3段階からなる。

①**解糖系** 解糖系は細胞質基質で行われる過程であり，1分子のグルコースから2分子の**ピルビン酸**がつくられる。この過程で2分子のATPが生成する。

②**クエン酸回路** クエン酸回路は，ミトコンドリアのマトリックスで行われる過程である。細胞質基質で生じたピルビン酸は，ミトコンドリアに取り込まれて，段階的に二酸化炭素に分解される。この過程でも2分子のATPが生成する。

③**電子伝達系** 電子伝達系は，ミトコンドリアの内膜で行われる過程である。解糖系とクエン酸回路で生じた高いエネルギーをもった電子を受け渡しすることによって，多量のATPが生成する。電子は最終的に水素イオンと結合した後，酸素と結合して水となる。

> **ポイント**
> 呼吸の反応式(呼吸基質がグルコースの場合)
> $C_6H_{12}O_6+6O_2+6H_2O \longrightarrow 6CO_2+12H_2O+ATP$
> 呼吸の3段階
> ①解糖系(細胞質基質)
> ②クエン酸回路(ミトコンドリアのマトリックス)
> ③電子伝達系(ミトコンドリアの内膜)

✿2. 解糖系では，グルコース1分子あたり2分子のATPが消費されて，4分子のATPができる。つまり，差し引きで2分子のATPが新たに生成するといえる。

✿3. クエン酸回路でも，解糖系と同じように，グルコース1分子あたり2分子のATPが生成する。

✿4. 電子伝達系では，グルコース1分子あたり，約28〜34分子のATPが生成すると考えられている。

**参考 細胞内共生説**
初期の原核生物は，原始の海の中にあった有機物を，酸素を使わずに分解してエネルギーを取り出していた。その生物のなかに，酸素を利用してより効率よくATPをつくる原核生物が出現した。これが大形の原核生物に**共生**して，**ミトコンドリア**になったと考えられている。これを細胞内共生説という。
また，葉緑体についても同様に，ミトコンドリアをもつ真核細胞の内部に光合成を行う**シアノバクテリア**が共生してできた，と考えられている。

図27. 呼吸のしくみ

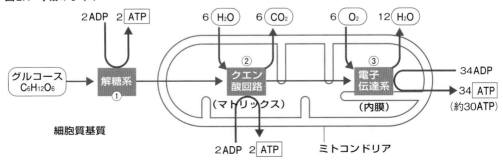

## ⚙1. 触媒

化学変化の進行を助けるが，それ自身は反応の前後で変化しない物質を触媒という。

## ⚙2. 無機触媒と生体触媒

白金や酸化マンガン(Ⅳ)のような金属や金属の酸化物，無機化合物などを無機触媒と呼ぶ。これに対して，カタラーゼやペプシンなどの酵素は生体内でつくられたタンパク質を主成分とする触媒なので，生体触媒と呼ぶ。

■ **酵素**は，生体内で起こるさまざまな化学反応の進行を助ける**触媒**として働いている。酵素の主成分はタンパク質であるため，金属などの触媒(無機触媒)とは性質が異なる。

# 1 酵素の反応

■ **生体触媒** 酵素はタンパク質を主成分とする**生体触媒**である。そのため，酵素自身は反応の前後で変化せず，同じ酵素分子がくり返し触媒として働く。

■ **基質と生成物** 酵素の作用を受ける物質を**基質**，反応後に生じる物質を**生成物**という。

■ **基質特異性** 酵素は，特定(原則1種類)の基質としか反応しない。この性質を酵素の**基質特異性**という。

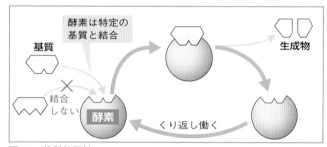

酵素は特定の基質と結合

基質　　　　　　　　　　生成物

結合しない　×

酵素　　くり返し働く

図28．基質特異性

■ **活性化エネルギーを減少させる** 発展 化学反応を進行させるためには，物質を反応しやすい状態にする(活性化する)ためのエネルギー(**活性化エネルギー**)が必要である。無機触媒や酵素があると，化学反応の進行に必要な活性化エネルギーが減少する。そのため，生体内のようにそれほど高温でなく，pHが中性に近い条件でも，化学反応を促進させる。

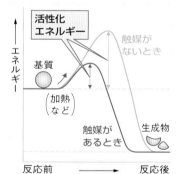

活性化エネルギー

エネルギー

基質

(加熱など)

触媒がないとき

触媒があるとき

生成物

反応前　　　　　　反応後

図29．活性化エネルギーと触媒

> **ポイント**
> 酵素はタンパク質を主成分とする触媒(生体触媒)
> ⇒酵素自身は変化せず，くり返し働く。
> 酵素は特定の基質とのみ結合する(基質特異性)。
> 酵素は化学反応の進行に必要な活性化エネルギーを減少させる。

# ② 無機触媒と異なる酵素　発展

■ **活性部位**　基質は，酵素分子の，特有の立体構造をもつ**活性部位**と呼ばれる凹みに結合して**酵素－基質複合体**となり，酵素作用を受ける。

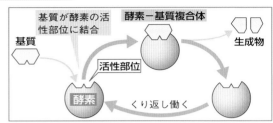

図30. 酵素と基質の反応

■ **最適温度**　一般に化学反応は温度が高いほど速く進行する。酵素による反応も同様であるが，酵素はタンパク質でできているため，一定温度以上になるとタンパク質の立体構造が変化して変性し，失活[[しっかつ]] ☆3 するため急激に反応速度は低下する。酵素が最もよく働く温度（酵素活性が最大になる温度）を**最適温度**という。

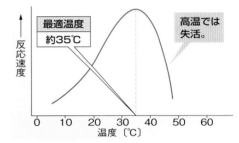

図31. 最適温度

■ **最適pH**　酵素はおもにタンパク質でできているため，強い酸やアルカリで立体構造が変化して変性してしまう。このため，溶液のpHによって酵素の活性は変化する。酵素活性が最大になるpHを**最適pH**という。

☆3. 失活
触媒の働きの大きさを活性といい，活性を失うことを失活という。

> 酵素は活性部位で基質と結合し，酵素－基質複合体になる。
> 最適温度…特定の温度でよく働く。
> 最適pH…特定のpHでよく働く。

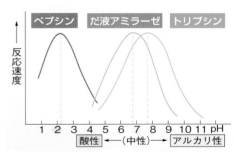

図32. 最適pH

■ **基質濃度と反応速度**　一定量の酵素に対して反応させる基質濃度を上げていくと，酵素は基質と結合しやすくなるため，ある濃度までは，基質濃度に比例して反応速度が上昇する。しかし，基質濃度がある程度に達すると，すべての酵素が酵素－基質複合体をつくっている状態になる。酵素－基質複合体から生成物ができるまでに要する時間は一定であるため，それ以上に基質濃度を上げても反応速度は一定のままになる。

> 酵素反応の速度は基質濃度と比例して上昇するが，一定以上の速度にはならない（上限がある）。

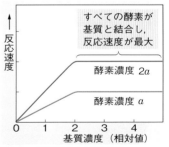

図33. 基質濃度と反応速度

顕微鏡の使い方は基本事項だから，必ず覚えておこう！

## 重要実験 顕微鏡の使い方

## 方法

〔顕微鏡の使い方〕

**1** 顕微鏡は，一方の手で鏡台を，他方の手でアームを持って運び，直射日光の当たらない明るい場所に置く。

**2** 接眼レンズ→対物レンズの順に取りつける。

**3** 接眼レンズをのぞきながら反射鏡を調節して，視野全体が明るくなるようにする。高倍率で観察するときは，平面鏡→凹面鏡にする。

**4** プレパラートをステージの上に置き，クリップで固定する。

**5** 横から見ながら調節ねじを回して，対物レンズの先端とプレパラートを近づける。

**6** 接眼レンズをのぞきながら，対物レンズの先端とプレパラートを遠ざける方向に調節ねじを回してピントを合わせる。

**7** しぼりを調節して，視野を見やすい明るさにして観察する。

**8** さらに拡大して観察する場合，観察したい部分が視野の中央にくるようにプレパラートを動かす。

**9** レボルバーを回して，高倍率の対物レンズをセットし，調節ねじでピントを合わせ，しぼりで明るさを調節する。

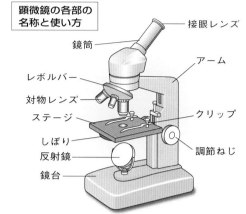

顕微鏡の各部の名称と使い方

接眼レンズ
鏡筒
アーム
レボルバー
対物レンズ
ステージ
クリップ
しぼり
調節ねじ
反射鏡
鏡台

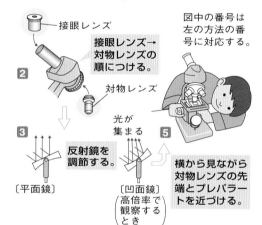

接眼レンズ

図中の番号は左の方法の番号に対応する。

**2** 接眼レンズ→対物レンズの順につける。

対物レンズ

**3** 反射鏡を調節する。

〔平面鏡〕

光が集まる

〔凹面鏡〕高倍率で観察するとき

**5** 横から見ながら対物レンズの先端とプレパラートを近づける。

〔顕微鏡の見え方と対処法〕

　タマネギの鱗葉（食用部分）表皮の観察をすると，下の**1**〜**5**のように見えた。この場合，顕微鏡のどの部分の調節が悪くて，どう対処すればよいだろうか。

**1** 反射鏡の向きが不良➡反射鏡の向きを調節。

**2** 光量不足➡しぼりを開いて光量を多くする。

**3** 光量過多➡しぼりを絞って光量を少なくする。

**4** ちょうどよい。この状態で観察する。

**5** 空気が入っている➡空気が入っていない部分をさがすか，プレパラートをつくりなおす。

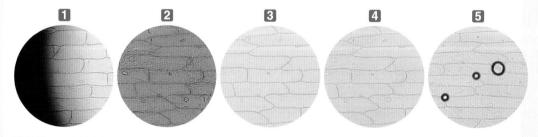

## 重要実験 ミクロメーターの使い方

計算までできる
ようになろう！

### 方法

1　接眼レンズの上側のレンズをはずして，接眼ミクロメーターを接眼レンズの中に入れ，再び上側のレンズのふたをする。

2　対物ミクロメーターをステージの上にのせて検鏡し，対物ミクロメーターの目盛りにピントを合わせる。

3　接眼ミクロメーターの目盛りと対物ミクロメーターの目盛りが2か所で合うように，両方のミクロメーターを調節する。

4　目盛りが一致した2か所の間の接眼ミクロメーターの目盛り数 $a$ と，対物ミクロメーターの目盛り数 $b$ を読み取る。

5　対物ミクロメーターの1目盛りは，ふつう，10 $\mu$m（0.01 mm）なので，次式から接眼ミクロメーターの1目盛りの長さ $l$ を求める。

$$l\,[\mu m] = \frac{b\,[目盛り] \times 10\,[\mu m]}{a\,[目盛り]}$$

6　接眼ミクロメーター1目盛りの長さは観察倍率で変わるから，各倍率（60倍，150倍，600倍など）ごとの1目盛りの長さを求めておく。

7　接眼ミクロメーターを接眼レンズに入れたまま，タマネギの鱗葉表皮の細胞を観察し，細胞の長径と短径を求める。

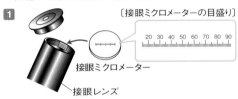

1
接眼ミクロメーター
接眼レンズ
〔接眼ミクロメーターの目盛り〕

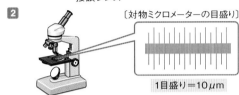

2
〔対物ミクロメーターの目盛り〕
1目盛り＝10 $\mu$m

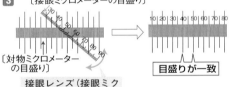

3　〔接眼ミクロメーターの目盛り〕
〔対物ミクロメーターの目盛り〕
接眼レンズ（接眼ミクロメーター）を回す。
目盛りが一致

### 結果

1　各倍率（60倍，150倍，600倍）での接眼ミクロメーター1目盛りの長さは次のとおり。

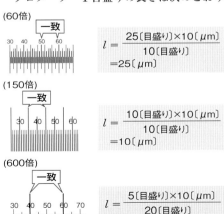

(60倍)
一致
$$l = \frac{25\,[目盛り] \times 10\,[\mu m]}{10\,[目盛り]} = 25\,[\mu m]$$

(150倍)
一致
$$l = \frac{10\,[目盛り] \times 10\,[\mu m]}{10\,[目盛り]} = 10\,[\mu m]$$

(600倍)
一致
$$l = \frac{5\,[目盛り] \times 10\,[\mu m]}{20\,[目盛り]} = 2.5\,[\mu m]$$

2　タマネギの鱗葉表皮の細胞を150倍で観察すると，下の図のように見えた。➡ 150倍では，接眼ミクロメーター1目盛りの長さは10 $\mu$m なので，

$$\begin{cases} 長径\cdots 55\,[目盛り] \times 10\,[\mu m] = 550\,[\mu m] \\ 短径\cdots 13\,[目盛り] \times 10\,[\mu m] = 130\,[\mu m] \end{cases}$$

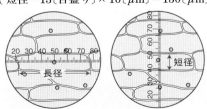

長径
短径

## 重要実験　DNAの抽出と観察

いろいろな生物から
DNAを抽出して
観察してみよう！

### 方法

**1** 実験材料として，新鮮なブロッコリー，ニワトリの肝臓，ブナシメジを市場で購入する。ブロッコリーは花芽部分，ニワトリの肝臓，ブナシメジの柄を除いたカサの部分をそれぞれ10gずつ用意し，ハサミでランダムに切断し，小さな断片にする。また，それ以外の準備物として冷凍庫，乳棒と乳鉢を3セット，ガーゼ，100%エタノール，15%食塩水，中性洗剤，ビニール手袋を準備する。

**2** それぞれの実験材料を冷凍庫で冷やした乳鉢に入れ，食塩水10mLを加えてすりつぶし，ペースト状にする。さらに，それぞれの乳鉢に中性洗剤を2滴加えた食塩水5mLを加え軽く混ぜ，これらをDNA抽出液とする。

**3** **2**で用意した3種類のDNA抽出液を4重にしたガーゼを用いてビーカーにろ過する。

**4** 3種類のろ液に2.5倍量の氷冷した100%エタノールをガラス棒に沿わせて静かに加える。そして，ろ液とエタノールの境界面に析出した繊維状の物質を観察する。

**5** ろ液とエタノールの境界面に析出した繊維状の物質をガラス棒で巻き取り回収する。そして，得られたDNAの一部をとり，風乾した後，ヘマトキリシリン溶液または酢酸カーミン溶液に浸し，水で洗浄した後，もう一度風乾する。

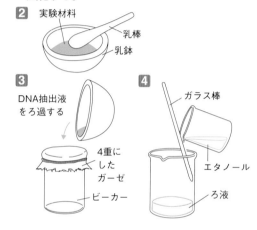

**2** 実験材料／乳棒／乳鉢
**3** DNA抽出液をろ過する／4重にしたガーゼ／ビーカー
**4** ガラス棒／エタノール／ろ液

### 結果

**1** **5**の結果，ろ液とエタノールの境界面に繊維状のDNAが観察された。ブロッコリー，ニワトリの肝臓，ブナシメジのどの材料を使用した実験でも，繊維状のDNAを観察することができた。

**2** 観察されたDNAのうち，ブロッコリーを材料としたものは少し緑色をしていた。

**3** ヘマトキリシリン溶液で染色したDNAは紫色に染色された。また，酢酸カーミン溶液で染色したDNAは赤色に染色された。

エタノール／繊維状のDNA／ろ液

### 考察

**1** DNAは15%食塩水やエタノールに溶けるか。　→　15%食塩水には溶け，エタノールには溶けない。

**2** ブロッコリーを材料として調整したDNAはなぜ，少し緑色をしていたか。　→　葉緑体の成分が混入していた。

**3** DNAを肉眼で観察するとどのような形状であったか。　→　白色の繊維状の形状。

**4** ブロッコリーの軸ではなく花芽を用いた理由は何か。　→　成長した細胞からなる軸よりも花芽の部分のほうが盛んに分裂しているので，単位重量あたりのDNA量が多いから。

1 ☐ すべての生物の細胞がもつ構造上の特徴は何か？

2 ☐ すべての生物が遺伝物質として利用している物質は何か？

3 ☐ 動物細胞や植物細胞の核を包む膜を何という？

4 ☐ 動物細胞にも植物細胞にも共通にあり，細胞を包む 10 nm の薄い膜を何という？

5 ☐ 動物細胞にも植物細胞にも共通にあり，呼吸の場となっている細胞小器官を何という？

6 ☐ 光合成の場となっている，植物細胞特有の細胞小器官を何という？

7 ☐ 植物細胞で発達し，中に細胞液をためている細胞小器官を何という？

8 ☐ おもにセルロースからなり，丈夫で，動物細胞には存在しない構造物を何という？

9 ☐ 核などの細胞小器官をもつ細胞を何という？

10 ☐ 核をもたない細胞でからだができている生物を何という？

11 ☐ 多細胞生物において，異なる組織が集まってできた特定の役割をもつつくりを何という？

12 ☐ 細胞を構成する物質で，水に次いで多い物質は何か？

13 ☐ 細胞を構成する物質のうち，エネルギー源や細胞壁の成分である化学物質は何か？

14 ☐ 簡単な物質から生体に有用な物質(有機物)を合成する代謝を何という？

15 ☐ 複雑な有機物を分解して簡単な物質にする代謝を何という？

16 ☐ デンプンなどを合成することのできる生物は，独立栄養生物と従属栄養生物のどちらか？

17 ☐ 生体内で「エネルギーの通貨」となる物質は何か？

18 ☐ ATP分子内のリン酸どうしの結合を何という？

19 ☐ おもにタンパク質からなり，生体内でつくられ，触媒として作用するものを何という？

20 ☐ 植物の緑葉での光合成の材料となるものは何と何か？

21 ☐ 植物の緑葉での光合成の結果，放出される気体は何か？

22 ☐ 真核細胞の呼吸において，リン酸と結合してATPとなる物質は何か？

23 ☐ 細胞が呼吸をする最も重要な目的は何か？

解答

1. 細胞膜で包まれている。
2. DNA
 [デオキシリボ核酸]
3. 核膜
4. 細胞膜
5. ミトコンドリア
6. 葉緑体

7. 液胞
8. 細胞壁
9. 真核細胞
10. 原核生物
11. 器官
12. タンパク質
13. 炭水化物

14. 同化
15. 異化
16. 独立栄養生物
17. ATP
 [アデノシン三リン酸]
18. 高エネルギーリン酸結合
19. 酵素

20. $CO_2$と$H_2O$
 [二酸化炭素と水]
21. $O_2$[酸素]
22. ADP
23. ATPをつくること。

## 1 細胞の大きさ

下の図は，長さの単位を示したものである。各問いに答えよ。

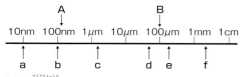

(1) 1μmは1mmの何分の1の長さの単位か。
(2) 1nmは1μmの何分の1の長さの単位か。
(3) 図中のA，Bは次のどの分解能（2点間を識別できる最小の長さ）を示しているか。
　ア　光学顕微鏡　　イ　電子顕微鏡
　ウ　ヒトの眼
(4) 次の①〜⑥の細胞や構造の大きさは，上図のa〜fのどれに該当するか。
　①　大腸菌　　　　②　エイズウイルス
　③　細胞膜の厚さ　④　ヒトの精子
　⑤　ゾウリムシ　　⑥　カエルの卵

## 2 細胞の構造と働き

ある細胞の模式図に関する各問いに答えよ。

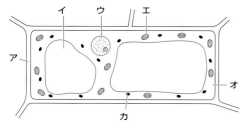

(1) 図は，光学顕微鏡，電子顕微鏡のいずれで観察した図か。
(2) 図は，植物，動物いずれの細胞の図か，その理由も説明せよ。また，次の①〜④より，これに該当する細胞を選べ。
　①　ヒトの口腔上皮細胞（ほおの内側の細胞）
　②　ヒトの皮膚の細胞
　③　オオカナダモの葉の細胞
　④　タマネギの鱗葉の表皮細胞

(3) 図中のア〜カの各部の名称を答えよ。また，その特徴として適当なものを次からそれぞれ1つずつ選べ。
　a　エネルギーをつくり出す呼吸の場となる。
　b　細胞の形を維持する。
　c　多くの酵素を含む代謝の場となる。
　d　袋状で細胞液をためる。
　e　光合成の場となる。
　f　遺伝子の本体であるDNAを含む。

## 3 細胞の微細構造 発展

下の図は，ある細胞を電子顕微鏡で観察した模式図である。各問いに答えよ。

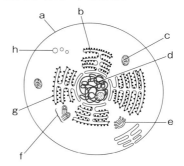

(1) a〜hの各部の名称を答え，その働きを簡単に説明せよ。
(2) 図の細胞は，動物細胞か植物細胞か。また，そう判断した理由も答えよ。

## 4 細胞の種類

下の表は，細胞小器官や膜構造の有無をまとめたものである。a〜dに該当する生物名を次から選べ。（＋：有，－：無）

〔アメーバ　アオカビ　大腸菌　タマネギ〕

|   | 細胞壁 | 細胞膜 | 核膜 | ミトコンドリア | 葉緑体 |
|---|---|---|---|---|---|
| a | ＋ | ＋ | ＋ | ＋ | ＋ |
| b | ＋ | ＋ | ＋ | ＋ | － |
| c | － | ＋ | ＋ | ＋ | － |
| d | ＋ | ＋ | － | － | － |

## ⑤ 代謝

下の図は，代謝の経路を模式的に示したものである。各問いに答えよ。

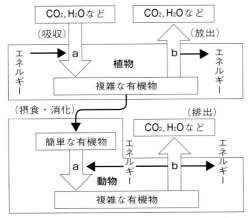

(1) 図中のa，bの代謝をそれぞれ何というか。
(2) 植物が行うaの代謝のうち，光合成のエネルギー源になっているのは，何エネルギーか。
(3) 植物のaの代謝の結果つくられる複雑な物質とは何か。一般的な名称で3つあげよ。
(4) 動物が摂食し消化した後，小腸から吸収する簡単な有機物を，4つあげよ。
(5) 植物や動物の行うbの代謝の過程で取り出されたエネルギーは，何という物質の形で蓄えられるか。

## ⑥ 酵素とその働き

酵素について説明した次の文のうち，正しいものには○，誤っているものには×をつけよ。
(1) 酵素は炭水化物を主成分とする。
(2) 酵素は，1種類でいくつかの異なる種類の化学反応を触媒することはできない。
(3) 発展 酵素は触媒の一種なので酸化マンガン(Ⅳ)同様，その働きは温度で左右されない。
(4) 発展 酵素はその種類によって最適pHが決まっており，ペプシンの最適pHは7である。

## ⑦ ATP

下の図は生物の行う代謝の中でエネルギーの仲立ちをしているATPの構造を模式的に示したものである。次の各問いに答えよ。

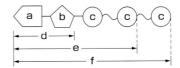

(1) ATPを構成する単位a，b，cの名称をそれぞれ答えよ。
(2) d，e，fの部分の名称を何と呼ぶか。
(3) 図中の〜で示された結合を何と呼ぶか。
(4) ATPはすべての生物においてエネルギーの仲立ちをすることから，人間の生活で使われるものに例えて何と呼ばれるか。

## ⑧ 光合成

下の図は，植物細胞で行われる光合成を模式的に示したものである。各問いに答えよ。

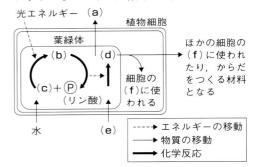

(1) 図中の(a)，(e)の気体の名称をそれぞれ答えよ。
(2) 図中の(b)，(c)のそれぞれ1分子における高エネルギーリン酸結合の数を答えよ。
(3) 図中の(d)の例として適当な物質を，次の①〜④から1つ選べ。
　① $CO_2$　　② $H_2O$
　③ $O_2$　　④ $C_6H_{12}O_6$
(4) 図中の(f)に入る用語を答えよ。

## ⑨ 呼吸

真核生物では、おもに右の図のような細胞小器官で、次の呼吸の反応が行われている。各問いに答えよ。

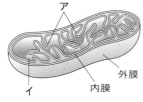

有機物 + ( a ) ⟶ 水 + ( b ) + エネルギー

(1) 上式の a，b に適する物質名をそれぞれ答えよ。

(2) 上式の有機物のように，呼吸の材料となる物質を何というか。

(3) 多くの生物が，呼吸の材料としておもに利用している有機物は何か。

(4) 図の細胞小器官の名称を答えよ。

(5) 発展 図中のア，イの部分をそれぞれ何というか。

(6) 燃焼と呼吸のちがいを，簡単に説明せよ。

## ⑩ 顕微鏡の操作方法

顕微鏡の使用法に関する次の各問いに答えよ。

(1) 図中の a ～ j の各部の名称をそれぞれ答えよ。

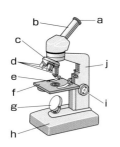

(2) 次の①～⑤の文の（ ）から正しいものを選べ。また，①～⑤を正しい操作の順に並べかえよ。

① レンズを取りつけるときは，先に(ア 接眼レンズ，イ 対物レンズ)を取りつける。

② 横から見ながら調節ねじを回したあと，対物レンズの先端とプレパラートの間を(ウ 近づけながら，エ 遠ざけながら)ピントを合わせる。

③ レボルバーを回して，まず，(オ 低倍率，カ 高倍率)の対物レンズをセットする。

④ 反射鏡を調節して視野全体が明るくなるようにする。低倍率のときは(キ 凹面鏡，ク 平面鏡)を使う。

⑤ プレパラートをステージの上に置き，クリップで(ケ 固定する，コ 固定しない)。

(3) 接眼ミクロメーターを入れるのは図の a ～ j のどの部分か。また，対物ミクロメーターを置くのはどの部分か。それぞれ記号で答えよ。

## ⑪ ミクロメーターの使い方

次の図1は，接眼ミクロメーターと対物ミクロメーターを顕微鏡にセットし，600倍の倍率で対物ミクロメーターの目盛りを観察したものである。これについて，あとの各問いに答えよ。ただし，対物ミクロメーターの1目盛りは1 mmを100等分したものである。

(図1)

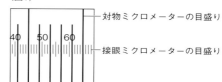

対物ミクロメーターの目盛り
接眼ミクロメーターの目盛り

(1) この倍率では，接眼ミクロメーターの1目盛りは何μmか。

(2) 倍率を150倍にしたとき，接眼ミクロメーターの1目盛りは，理論上何μmになるか。

(3) 図2は，タマネギの表皮細胞の核の直径を600倍で測定したものである。この細胞の核の直径は何μmか。

(図2)

(4) ある細胞小器官が，図2の細胞中を矢印の方向に，5秒間に1目盛り動いていた。その細胞小器官は秒速何μmで動いていたか。

## ● 脊椎動物の前肢〔ぜん　し〕

◉ 脊椎動物は太古に陸上に進出した魚類
の一部から両生類・ハ虫類・鳥類・哺乳
類に分かれ生活環境に適応して数多く
の種類に進化した。前肢（前足）だけ比
べてもさまざまな形に進化している。
A〜Ⅰの写真はそれぞれ何の前肢かわ
かるかな？ 解答→ p.139

A

B

C

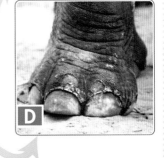

D

F

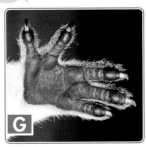

G

E

H

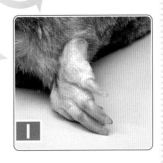

Ⅰ

# 遺伝子とその働き

## 1 DNAの構造

### ✿1. 核酸の発見
19世紀，スイスの医師ミーシャは，病院の使用済みのガーゼについた膿から死んだ白血球を集め，その中に，リン酸と窒素を含んだ酸性物質があることを見つけた。そして，この酸性物質はヌクレイン（核酸）と名づけられた。

### ✿2. ヌクレオチドの糖 発展
デオキシリボースはRNAやATPをつくるリボースよりも，酸素原子が1個少ない。

**デオキシリボース**

**リボース**

⬤＝炭素　この部分が異なる→

■ 遺伝子の本体はDNAという化学物質である。DNAの構造や，遺伝情報とはどのようなものなのか。

### 1 核酸

■ **核酸** DNAは，白血球の核に含まれる酸性物質として発見され，**核酸**(nucleic acid)と名づけられた。核酸には，DNA（デオキシリボ核酸）とRNA（リボ核酸）がある。

■ **ヌクレオチド** 核酸を構成する単位を**ヌクレオチド**という。ヌクレオチドは，図1のように**リン酸**と**糖**と**塩基**からなる。

■ **DNAのヌクレオチド** DNAをつくるヌクレオチドは，リン酸と糖（デオキシリボース）にA（アデニン），T（チミン），G（グアニン），C（シトシン）のいずれか1つの塩基が結合したものである。そのため4種類ある。

■ **RNAのヌクレオチド** RNAをつくるヌクレオチドは，リン酸と糖（リボース）にA（アデニン），U（ウラシル），G（グアニン），C（シトシン）のいずれか1つの塩基が結合してできている。そのためDNAと同様4種類ある。

> **ポイント**
> DNA（デオキシリボ核酸）のヌクレオチド
> 　糖（デオキシリボース）＋塩基(A, T, G, C)＋リン酸
> RNA（リボ核酸）のヌクレオチド
> 　糖（リボース）＋塩基(A, U, G, C)＋リン酸

図1. DNAとRNAのヌクレオチド

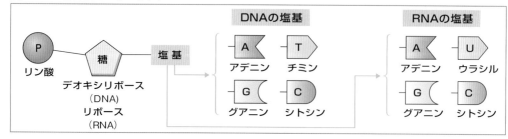

# ② DNAの構造

■ **細胞あたりのDNA**　細胞1個あたりのDNAの量は、同じ生物の体細胞では一定であり、生殖細胞ではその半分になる。このことは、DNAが**遺伝子の本体**であることを裏づける証拠の1つといえる。

■ **シャルガフの規則**　生物のDNAを化学的に分析すると、どの生物の細胞も**A**と**T**、**G**と**C**の数（割合）は同じである。これを**シャルガフの規則**という。

■ **二重らせん構造**　DNAは、多数のヌクレオチドが結合してできた**2本の鎖**からなる。2本のヌクレオチド鎖は、**A**と**T**、**G**と**C**が**相補的な塩基対**をつくり、弱い結合でつながった**二重らせん構造**をしている。この構造は1953年、**ワトソン**と**クリック**が解明した。

■ **DNAと遺伝情報**　DNAの構成要素のうち、A・T・G・Cの4種類の塩基の並び方（**塩基配列**）が遺伝情報となっている。したがって、DNAの塩基配列は非常に重要である。

> **ポイント**
> 〔DNAの構造（**ワトソン**と**クリック**が発見）〕
> ①**二重らせん構造**
> ②**相補的な塩基対**（A－T、G－C）による2本鎖
> ③**遺伝情報＝塩基配列**

**✿3. シャルガフの研究**
シャルガフは、さまざまな生物がもつDNAの塩基の割合を調べた。

|  | A | T | G | C |
|---|---|---|---|---|
| ヒト | 30.3 | 30.3 | 19.5 | 19.9 |
| ウシ | 28.8 | 29.0 | 21.0 | 21.0 |
| サケ | 29.7 | 29.1 | 20.8 | 20.4 |
| 大腸菌 | 24.7 | 23.6 | 26.0 | 25.7 |

表1. DNAの塩基の割合〔%〕
ヒト、ウシは肝臓の細胞、サケは精子から抽出したものの分析結果

**✿4. 相補的な塩基対**
2本の鎖からなるDNAモデルでは、ヌクレオチド鎖の**片方の塩基配列が決まれば**、他方の鎖の塩基配列も自動的に決まる。この関係性を相補性といい、これがシャルガフの規則の要因である。

**✿5. 塩基対の結合** 発展
この結合は水素結合と呼ばれる。

図2. DNAの構造

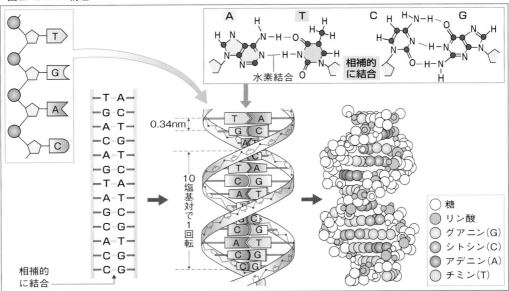

表2. 体細胞の染色体数

| 生物名 | 染色体の数 |
|---|---|
| ニワトリ | 78 |
| キイロショウ ジョウバエ | 8 |
| イネ | 24 |
| タマネギ | 16 |

☟6. 染色体
細胞分裂時には，糸状の染色体が折りたたまれて凝縮され，光学顕微鏡でも観察できるほどの太さの棒状になる。

☟7. 発現(⇨ p.42)
形質が現れること。

☟8. ただし，ユスリカなどのだ腺細胞にあるだ腺染色体はとても大きいため，いつでも光学顕微鏡で観察できる(⇨ p.47, 49)。

# ③ DNAと染色体

■ **染色体数** 染色体の数は生物種によって決まっている。なお，染色体の数が多い生物は，ヒトのように複雑な構造をもつとは限らない(表2)。

■ **真核生物の染色体** 真核生物のDNAは，染色体として核内に存在している。1本の染色体に含まれるDNAは，非常に細く長い糸状の1つのDNA分子からできている。[6] 細胞分裂のとき以外(間期⇨p.34)には，染色体は核全体に[7] 分散して遺伝情報を発現していて，光学顕微鏡では見えない。[8] しかし，細胞分裂のときには，染色体は折りたたまれて太く短い棒状の構造となり，光学顕微鏡で観察できるようになる。

■ **染色体の化学的成分** 発展 真核生物の染色体は，DNAが**ヒストン**というタンパク質に巻きついてヌクレオソームを形成している。さらにそれらが規則的に折りたたまれて**クロマチン繊維**という繊維状の構造をとっている。

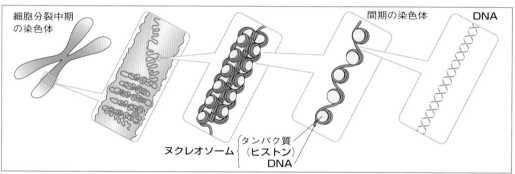

細胞分裂中期の染色体
ヌクレオソーム { タンパク質(ヒストン) / DNA
間期の染色体
DNA

図3. 染色体とDNAの関係

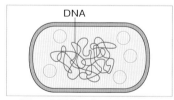

DNA

図4. 大腸菌のもつDNA

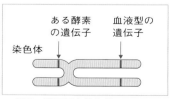

ある酵素の遺伝子　血液型の遺伝子
染色体

図5. 遺伝子と染色体

■ **原核生物の染色体** 発展 大腸菌のような原核生物では，1個の環状になったDNAが細胞質基質内に存在する。

■ **遺伝子(gene)と染色体** 染色体の特定の場所に位置する遺伝子とは，DNAの特定の部分の塩基配列である。糸状の染色体が凝縮して，光学顕微鏡で観察できる大きさの構造になったとき，特定の場所に位置することになる(図5)。

〔真核生物の**染色体**〕
{ 分裂期以外…細く長い**糸状**(核内に分散)
分裂期…凝縮して太く短い**棒状**
**染色体**…DNAが**ヒストン**に巻きついてできている。

# ④ 遺伝子の本体を解明した実験 発展

■ **形質転換の発見** グリフィスは，肺炎双球菌(肺炎球菌)のS型菌がもつ熱に強い何らかの物質によって形質転換が起こることを発見した。

🌀9. 肺炎双球菌
肺炎双球菌(細菌)にはS型菌(病原性あり)とR型菌(病原性なし)があり，S型菌をマウスに感染させると肺炎を発病するが，R型菌を感染させても発病しない。

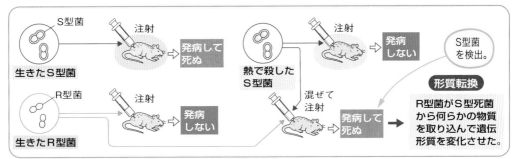

図6. 肺炎双球菌を用いたグリフィスの実験(1928年)

■ **形質転換の原因物質** エイブリーらは，形質転換の原因となる物質はDNAであることを発見した。

🌀10. DNA分解酵素を加えた場合，S型菌のDNAが分解され，R型菌の形質転換が起きなくなる。

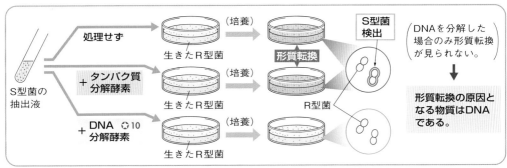

図7. 肺炎双球菌を用いたエイブリーらの実験(1944年)

■ **遺伝子の本体の解明** ハーシーとチェイスは，$T_2$ファージというバクテリオファージ(➡p.11)が，DNAだけを大腸菌の内部に注入して増殖することを発見し，遺伝子の本体がタンパク質ではなくDNAであることを解明した。

図8. $T_2$ファージを用いたハーシーとチェイスの実験(1952年)

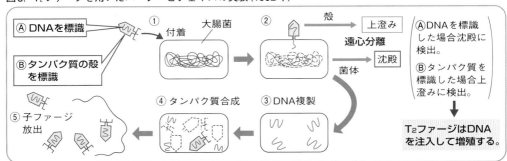

# ② DNAの複製と細胞周期

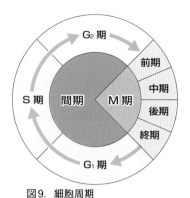

図9. 細胞周期

○ 1. M期
Mはmitosis(細胞分裂)の意味の英
語の頭文字である。

○ 2. S期とG₁, G₂期
Sはsynthesis(合成), Gはgap(す
き間・間隔)の意味の英語の頭文
字である。また, 増殖能力をもつ
細胞が増殖を止めている時期は,
G₀期とも呼ばれている。

■ 遺伝子の本体であるDNAは親から子へ, また細胞分裂のとき, もとの細胞(母細胞)から新しい細胞(娘細胞)へ伝えられる。同じ遺伝子をもつDNAはどうやって複製されるのか。

## ① 細胞の一生

■ **細胞分裂** 細胞は, 細胞分裂によってできる。細胞分裂には, からだをつくる細胞をふやす**体細胞分裂**と, 精子や卵などの生殖細胞をつくる**減数分裂**とがある。

■ **細胞周期** 体細胞分裂をくり返す細胞で, 分裂が終わってから次の分裂が終わるまでを**細胞周期**という。細胞周期は, 分裂の準備を行う**間期**と分裂をする**分裂期(M期)**(⇒p.38)に大別される。

## ② DNA量の変化

■ **間期** 間期は, G₁期(DNA合成準備期), S期(DNA合成期), G₂期(分裂準備期)の3つに分けられる。S期にはDNAの複製が行われて, DNA量は2倍にふえる。これは体細胞分裂でも減数分裂でも同じである。

■ **体細胞分裂** S期に2倍の量になったDNAは, 分裂によってもとの母細胞の量(G₁期の量)にもどる。

図10. 体細胞分裂とDNA量の変化

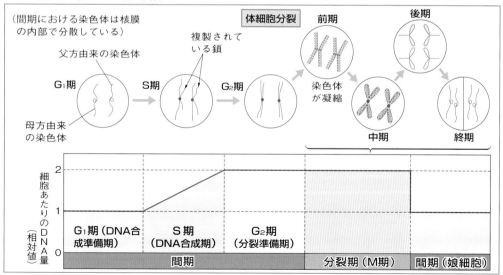

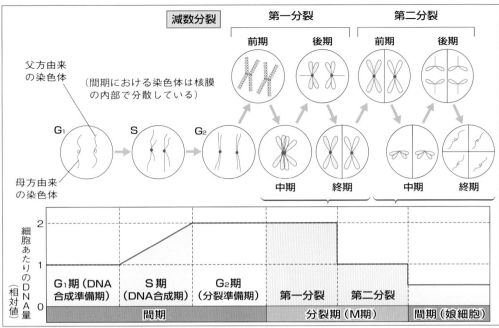

図11. 減数分裂とDNA量の変化

■ **減数分裂** 発展 生殖細胞をつくる減数分裂では，第一分裂，第二分裂と呼ばれる2回の分裂が続いて起こる。DNA量は，間期のS期に2倍になり，第一分裂で母細胞の量（$G_1$期の量）にもどる。第二分裂の前にはDNAは複製されないため，続いて起こる第二分裂が終わったとき，娘細胞のDNA量は**母細胞の半分**となる。

■ **減数分裂と染色体数** 発展 減数分裂では，娘細胞（生殖細胞）のDNA量も染色体数も母細胞の半分となる。これは，体細胞がもつ一対の相同染色体（大きさと形が同じ染色体）が，減数分裂によって娘細胞に分けられて，どちらか片側だけをもつようになるからである。減数分裂によってできた生殖細胞が受精をすると，DNA量と染色体数はもと（$G_1$期の数量）にもどる。

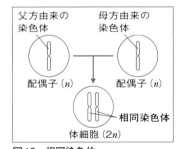

図12. 相同染色体
相同染色体の対の数を $n$ で表したとき，体細胞に含まれる染色体の数は $2n$ となる。

**細胞周期**：分裂の終了から次の分裂の終了まで。
　　　　　　間期と分裂期に大別される。
間期┬$G_1$期（DNA合成準備期）：DNAの合成に必要な物質がつくられる時期。
　　├S期（DNA合成期）：DNAを複製する。
　　└$G_2$期（分裂準備期）：細胞分裂に備える。

## ③ DNAの複製のしくみ

■ **複製の進み方**　次の順で進む。

① 二重らせん構造をしたDNA（2本鎖DNA）の一部がほどけて，2本のヌクレオチド鎖が離れる。

② 各ヌクレオチド鎖の塩基に対して相補的な塩基（AとT，GとC）をもつヌクレオチドが結合する。

③ 隣り合うヌクレオチドどうしが酵素の働きで結合していき，新しいヌクレオチド鎖（DNA分子）ができる。こうして，もとの2本鎖DNAと同じ塩基配列の2本鎖DNAが2組できる。

🔄 **3. DNAポリメラーゼ** 発展
ヌクレオチドどうしを結合させる酵素を，DNAポリメラーゼ（DNA合成酵素）という。

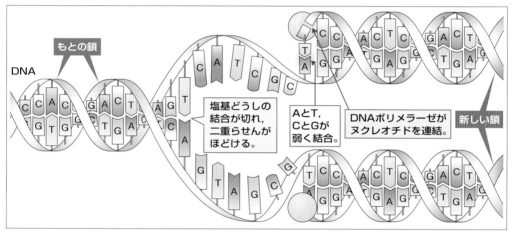

図13. DNAの複製のしくみ

もとの鎖
DNA
塩基どうしの結合が切れ，二重らせんがほどける。
AとT，CとGが弱く結合。
DNAポリメラーゼがヌクレオチドを連結。
新しい鎖

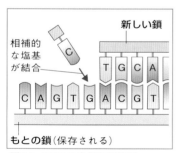

図14. DNAの半保存的複製

相補的な塩基が結合
新しい鎖
もとの鎖（保存される）

■ **半保存的複製**　DNAの複製は，2本のヌクレオチド鎖がそれぞれ鋳型となって，新しいDNA鎖が複製される。

したがって，新しいDNA分子は二重らせん構造のうち1本の鎖をもとのDNA分子からそのまま受け継いでいる。このような複製のしくみを**半保存的複製**という。これは，**メセルソンとスタール**によって証明された（⇨p.37）。

**ポイント**　〔DNAの複製のしくみ〕
　DNAの二重らせんがほどける。
⇨2本のヌクレオチド鎖が離れる。
⇨各塩基に相補的な塩基が結合する。
⇨ヌクレオチドどうしが結合し，新しいヌクレオチド鎖（＝もとのDNAと同じ塩基配列のDNA分子2つ）ができる。

# ④ メセルソンとスタールの実験

■ **重いDNAの作成** 窒素源として普通の窒素($^{14}$N)より重い$^{15}$Nからなる$^{15}NH_4Cl$の培地で大腸菌を何世代も培養すると，大腸菌のDNAに含まれる塩基の窒素はすべて$^{15}$Nに置き換わり，**重いDNA**($^{15}$N-$^{15}$NDNA)ができる。

■ **$^{14}$N培地で分裂** この重いDNAをもつ大腸菌を，窒素源として$^{14}NH_4Cl$をもつ普通の培地に移して，分裂のたびにDNAを抽出し，その比重を密度勾配遠心法で調べた。

**密度勾配遠心法** 塩化セシウム(CsCl)溶液に遠心力を加えると，底に近いほどCsCl濃度が高い状態(密度勾配)ができる。DNAは塩化セシウムの密度とつり合った部分に集まるので，$^{14}$N-$^{14}$NDNA，$^{14}$N-$^{15}$NDNA，$^{15}$N-$^{15}$NDNAのちがいという，ごくわずかな比重の差でも分離できる。このような方法を**密度勾配遠心法**という。

■ **結果** 1回目の分裂後には，大腸菌のDNAはすべて中間の重さのDNA($^{14}$N-$^{15}$NDNA)となった。

2回目の分裂後には，重いDNA($^{15}$N-$^{15}$NDNA)は無く，軽いDNA($^{14}$N-$^{14}$NDNA)と中間の重さのDNAとの比が1：1となった。

3回目の分裂後には，重いDNAは無く，軽いDNAと中間の重さのDNAとの比が3：1となった。

**メセルソンとスタール**
　…DNAの**半保存的複製**を証明

**☆4. その他のDNA複製様式だと仮定した場合に予想される結果**

● 保存的複製と仮定した場合
　もとのDNAを手本として新しいDNAを複製したとすると，1回目，2回目の分裂後は次のようになると考えられる。

|  | 軽い | 中間 | 重いDNA |
|---|---|---|---|
| 1回目 | 1 : | 0 : | 1 |
| 2回目 | 3 : | 0 : | 1 |

(3回目以降も軽いDNAのみ増加)

● 分散的複製と仮定した場合
　もとのDNAを断片的に複製したと考えると，1回目，2回目の分裂後は次のようになると考えられる。

|  | 軽い | 中間 | 重いDNA |
|---|---|---|---|
| 1回目 | 0 : | 約1 : | 0 |
| 2回目 | 軽いと中間の間の重さのDNAのみ | | |

(3回目以降もほぼ同様)

⇨どちらの仮定とも結果がちがう。

図15. 大腸菌を用いたメセルソンとスタールの実験

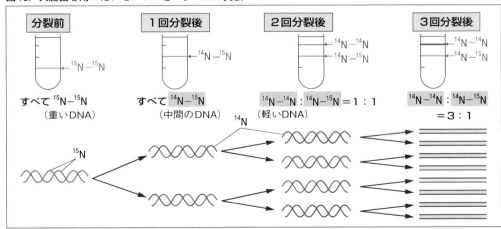

■ 間期に複製されたDNAは，娘細胞に分配される。そのしくみを調べてみよう。

## 1 体細胞分裂のしくみ

■ **核分裂**　細胞周期の分裂期（M期）には，まず，**核分裂**（核の分裂）が起こる。分裂期は核や染色体の形態および変化により，**前期，中期，後期，終期**に分けられる。

■ **細胞質分裂**　終期には，細胞質を2つに分ける**細胞質分裂**が起こる。

> **ポイント**〔体細胞分裂〕
> **核分裂（前期＋中期＋後期＋終期）**
> **＋細胞質分裂（終期に起こる）**

## 2 体細胞分裂の進み方

■ **前期**　S期に複製されたDNAは，糸状の染色体を構成して核内に分散しているが，前期には凝縮して太いひも状になる。

図16. 体細胞分裂の過程

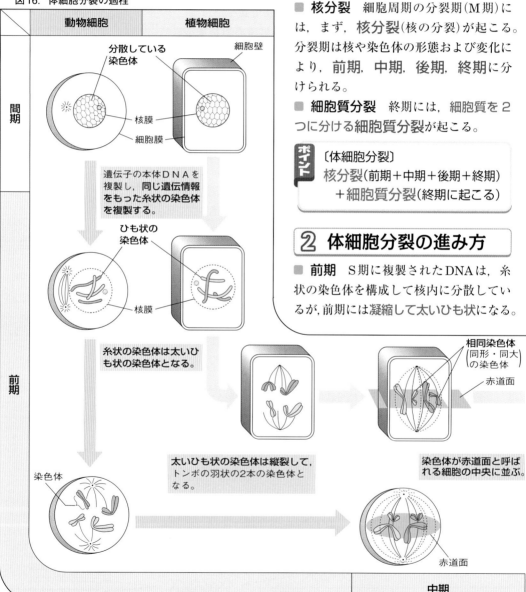

■ **中期**　ひも状の染色体は，さらに凝縮して棒状の染色体となり，細胞の赤道面に並ぶ。それぞれの染色体は，縦に裂け目ができて，トンボの羽状となる。

■ **後期**　複製された2本の染色体が分離し，細胞の両極に向かって移動する。

■ **終期**　核膜が再現して，染色体は再び分散する。染色体数とDNA量は，もと（母細胞の$G_1$期の数量）にもどる。

■ **細胞質分裂**　動物細胞では，終期に細胞の赤道面でくびれて二分される。植物細胞では，終期に赤道面に細胞板が形成されて細胞質が二分される。細胞板はやがて細胞膜と細胞壁となって体細胞分裂が完了する。

■ **動物細胞と植物細胞の相違点**

|  | 動物細胞 | 植物細胞 |
|---|---|---|
| 細胞質分裂 | くびれる | 細胞板が形成される |

〔体細胞分裂の過程〕

●核分裂 ─── 前期…太いひも状の染色体が出現。
　　　　 ─── 中期…染色体が赤道面に並ぶ。
　　　　 ─── 後期…染色体が両極に移動。
　　　　 ─── 終期…核膜が現れ，染色体は分散。

●細胞質分裂（終期に起こる）
　　動物細胞…赤道面でくびれて二分される。
　　植物細胞…赤道面に細胞板ができて二分される。

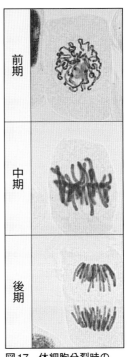

図17. 体細胞分裂時の染色体

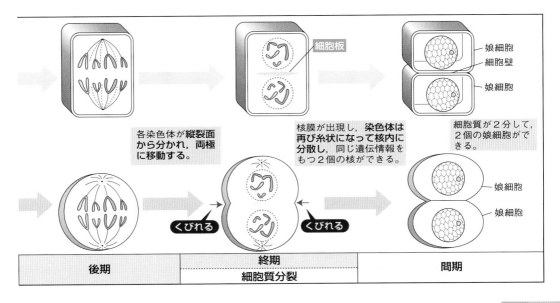

各染色体が縦裂面から分かれ，両極に移動する。

細胞板

娘細胞
細胞壁
娘細胞

核膜が出現し，**染色体は再び糸状になって核内に分散し**，同じ遺伝情報をもつ2個の核ができる。

細胞質が2分して，2個の娘細胞ができる。

くびれる　　くびれる

娘細胞
娘細胞

| 後期 | 終期 | 間期 |
|---|---|---|
|  | 細胞質分裂 |  |

## ③ 細胞周期に伴って変化する染色体

■ **体細胞分裂と染色体**　遺伝情報をしまい込んでいる染色体は，その遺伝情報を発現（⇒p.42）している間期と分裂期では，形や構造が変化している。

■ **間期**

①**G₁期**　核内に分散した染色体から，遺伝情報を発現して，タンパク質合成などが盛んに行われて細胞は成長している。細胞周期の中で最も長い時期といえる。

②**S期**　DNAが複製され，**細い糸状**の染色体になる。

③**G₂期**　細胞分裂に入る準備が行われている。

■ **分裂期（M期）**

①**前期**　糸状の染色体がさらに凝縮して，太いひも状あるいは**棒状**の染色体となる。

②**中期**　棒状の各染色体は細胞の赤道面に並び，全体がトンボの羽状になる。

③**後期**　染色体は縦裂して分離し，両極に移動する。

④**終期**　凝縮していた染色体はほどけて**糸状の染色体**にもどる。娘細胞としての新たな細胞周期が始まる。

表3. 細胞分裂の過程

| 核分裂…次の4期 | |
| --- | --- |
| 前期 | 染色体出現，核膜消失 |
| 中期 | 染色体が赤道面に並ぶ |
| 後期 | 染色体が縦裂し両極へ |
| 終期 | 核膜再現，2個の核ができる |
| 細胞質分裂 | |
| 終期に細胞質が2分される。 | |

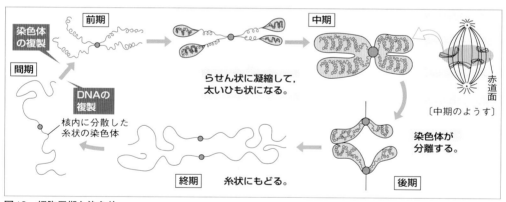

図18. 細胞周期と染色体

## ④ ヒトの染色体

■ **ヒトの染色体**　ヒトの体細胞の染色体の数は，男女ともに46本であり，23本は父親から，もう23本は母親から受け継いだものである。

■ **性染色体** 発展　ヒトの46本の染色体のうち，44本は**常染色体**といい，男女共通のものである。それに対して残りの2本は**性染色体**といい，男女で異なるものとなっている。

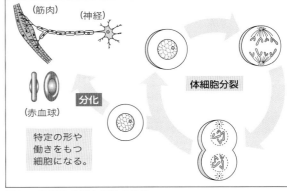

図19. ヒトの染色体構成(46本：22対＋性染色体)

常染色体22対(44本)：男女で共通

性染色体1対(2本)：男女で異なる

13 14 15 16 17 18 19 20 21 22 XY(男性) XX(女性)

# ⑤ 細胞の分化と遺伝情報

■ **細胞の分化** 細胞が特定の形や働きをもつ細胞になることを，細胞の**分化(細胞分化)**という。細胞の分化により，発生や個体の成長が進む。

■ **体細胞分裂と遺伝情報** 精子と卵から受け継いだ遺伝情報をもつ受精卵は，体細胞分裂をくり返し，分裂の前に複製され，分裂によって娘細胞に分配されるので，すべての体細胞は同じ遺伝情報をもつ。

図20. 体細胞分裂と細胞の分化

(筋肉) (神経) 体細胞分裂
(赤血球) 分化 特定の形や働きをもつ細胞になる。

■ **分化した細胞内の遺伝情報** 細胞が分化するのは，いつでもすべての遺伝情報が働くのではなく，発生や成長の段階に応じて働く遺伝子が調節されているからである。

**ポイント** 分化…細胞が特定の形や働きをもつ細胞になること。働く遺伝子が調節された結果起こる。

**✿1. 核移植実験** 発展
ガードンは，アフリカツメガエルを用いて図21のような核移植実験を行った。その結果，一部の核移植を行った卵が正常な幼生まで発生した。これにより，**分化した細胞の核でも発生に必要な遺伝情報**(ゲノム⇨p.46)をもつことが証明された。

図21. アフリカツメガエルを用いたガードンの核移植実験 発展

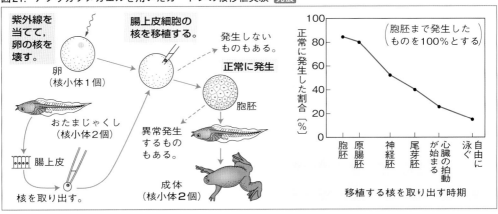

紫外線を当てて，卵の核を壊す。
腸上皮細胞の核を移植する。
発生しないものもある。
卵(核小体1個)
正常に発生
おたまじゃくし(核小体2個)
胞胚
異常発生するものもある。
腸上皮
核を取り出す。
成体(核小体2個)

(胞胚まで発生したものを100%とする)

正常に発生した割合[%]

胞胚 原腸胚 神経胚 尾芽胚 心臓の拍動が始まる 自由に泳ぐ

移植する核を取り出す時期

# 4 遺伝情報とタンパク質の合成

DNAの遺伝情報が形質として現れることを**発現**という。その遺伝情報が発現するしくみを調べてみよう。

## 1 RNA

**RNAは1本鎖** 核酸にはDNAのほかに，RNA(リボ核酸)がある。RNAもDNA同様に多数のヌクレオチドが鎖状につながったヌクレオチド鎖からできている。しかし，RNAは，ふつう，二重らせん構造をつくらず1本鎖である。

**RNAのヌクレオチド** RNAのヌクレオチドは，リン酸とリボースおよびA(アデニン)，U(ウラシル)，G(グアニン)，C(シトシン)の4種類の塩基のうちのいずれか1つが結合してできている。DNAのヌクレオチドとは，糖の種類と塩基の1つが異なっている。

**RNAの存在場所と働き** DNAがおもに核に存在して遺伝子の本体として働いているのに対し，RNAは細胞質と核に存在し，タンパク質の合成に関与している。

**RNAの種類** RNAには次の3種類があり，それぞれタンパク質合成に重要な働きをしている。

①mRNA(伝令RNA) DNAの遺伝情報を写し取って核から細胞質に伝える。

②tRNA(転移RNA) mRNAの遺伝情報が指定するアミノ酸を運搬する。

③rRNA(リボソームRNA) 発展 タンパク質と結合してリボソームをつくっている。

## 2 セントラルドグマ

**セントラルドグマ** 「遺伝情報は，DNA→RNA→タンパク質へと一方向に流れる」という，遺伝情報の流れに関する原則を**セントラルドグマ**という。

RNA…DNAとは糖の種類と1つの塩基が異なる。
セントラルドグマ…「DNA→RNA→タンパク質」
という，遺伝情報の流れに関する原則。

---

**1. 核酸**
DNAやRNAはまとめて核酸と呼ばれる。

|  | DNA | RNA |
|---|---|---|
| 鎖 | 2本鎖 | 1本鎖 |
| 糖 | デオキシリボース | リボース |
| 塩基 | A(アデニン)<br>T(チミン)<br>G(グアニン)<br>C(シトシン) | A(アデニン)<br>U(ウラシル)<br>G(グアニン)<br>C(シトシン) |

表4. DNAとRNAのちがい

**2. 二重染色**
メチルグリーン・ピロニン染色液で二重染色すると，DNAはメチルグリーンで青〜青緑色に染色され，RNAはピロニンによって赤桃色に染色される。二重染色すると，DNAとRNAの存在場所を確認することができる。

**3. セントラルドグマ**
DNAの遺伝情報(塩基配列)
↓転写
RNAの塩基配列
↓翻訳
アミノ酸配列=タンパク質
遺伝子の発現

# ③ DNAの形質発現

■ **構造タンパク質の合成** DNAの遺伝情報をもとに合成されたタンパク質が、からだの構造をつくるタンパク質（構造タンパク質）である場合は、「タンパク質合成」が「直接遺伝形質を発現する」ことになる。

■ **酵素の合成** 合成されたタンパク質が**酵素**である場合、酵素による化学反応で生成した物質により、間接的に遺伝情報として発現することになる。

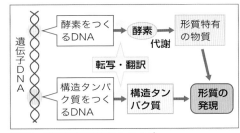

図22. 遺伝形質発現の2タイプ

**ポイント**
〔形質発現の2タイプ〕
構造をつくるタンパク質…直接的に形質を発現
酵素（触媒として作用）…間接的に形質を発現

# ④ 転写と翻訳

■ **転写** DNAの塩基配列をRNAの塩基配列として写し取ることを**転写**という。DNAの塩基とRNAの塩基はDNAどうしの相補性と同じように対応している（⇒p.44）。

■ **遺伝暗号とその翻訳** DNAをつくるヌクレオチド鎖の塩基は4種類、タンパク質をつくるアミノ酸は20種類あるので、**3個の塩基配列が1組となって1つのアミノ酸を指定する**[4]。こうして指定されたアミノ酸がつながることで、タンパク質ができる。転写された遺伝情報をアミノ酸の配列に読みかえることを**翻訳**という。

■ **遺伝情報の解読**

ニーレンバーグらは、大腸菌の抽出物に人工的に合成したmRNAを加えてタンパク質をつくる実験を行い、遺伝暗号を解読して**遺伝暗号表**（表5）を作成した。

例 DNAがTACGGCATAという塩基配列の場合、mRNAの塩基配列はAUGCCGUAUとなる。右の表から、アミノ酸はメチオニン、プロリン、チロシンと並ぶことがわかる。

**✿4. トリプレット**
アミノ酸を指定する3個で1組の塩基配列をトリプレットという。アミノ酸は20種類あるので、その指定には1個や2個で1組の塩基配列では不足し、トリプレットが1つのアミノ酸を指定することが確かめられた。
1個組 4＝4通り→不足
2個組 4×4＝16通り→不足
3個組 4×4×4＝64通り→十分

**✿5.** UAA, UAG, UGAは翻訳の終了を指定するコドンであるため、終止コドンという。

**✿6.** AUG（メチオニン）は翻訳の開始を指定するコドンであるため、開始コドンという。

表5. 遺伝暗号表

| 1番目の塩基 | 2番目の塩基 | | | | 3番目の塩基 |
|---|---|---|---|---|---|
| | U | C | A | G | |
| U | UUU フェニルアラニン UUC / UUA ロイシン UUG | UCU セリン UCC / UCA UCG | UAU チロシン UAC / UAA（終止）✿5 UAG | UGU システイン ✿5 UGC / UGA（終止） UGG トリプトファン | U C A G |
| C | CUU ロイシン CUC / CUA CUG | CCU プロリン CCC / CCA CCG | CAU ヒスチジン CAC / CAA グルタミン CAG | CGU アルギニン CGC / CGA CGG | U C A G |
| A | AUU イソロイシン AUC / AUA ✿6 AUG メチオニン（開始） | ACU トレオニン ACC / ACA ACG | AAU アスパラギン AAC / AAA リシン AAG | AGU セリン AGC / AGA アルギニン AGG | U C A G |
| G | GUU バリン GUC / GUA GUG | GCU アラニン GCC / GCA GCG | GAU アスパラギン酸 GAC / GAA グルタミン酸 GAG | GGU グリシン GGC / GGA GGG | U C A G |

## 5 真核細胞のタンパク質合成

**■ 遺伝情報の転写** 核内では，DNAの塩基配列を
RNAの塩基配列として写し取る過程（転写）が進む。

①　核内にあるDNAの2本鎖の一部がほどけて，鋳型とな
るほうの1本鎖の塩基A，T，G，Cに，それぞれRNA
のヌクレオチドのU，A，C，Gが相補的に結合する。⊙7

②　これに酵素（発展 RNAポリメラーゼ，RNA合成酵
素ともいう）が働き，隣り合うRNAのヌクレオチドどう
しを結合させる。

③　これを順にくり返すことで，DNAの塩基配列を正確
に写し取った1本鎖状のRNAがつくられる。この過程
を**遺伝情報の転写**という。

④　発展　真核生物の遺伝子の塩基配列には，タンパク質
⊙8
合成に関係する塩基配列のほかに，タンパク質合成に関
⊙9
与しない塩基配列も含まれている。転写後に，タンパク
質合成に関与しない塩基配列はRNAから取り除かれる。
この過程を**スプライシング**という。スプライシングの
結果，転写されたRNAは**mRNA（伝令RNA）**となる。

⑤　発展　できあがったmRNAは，核膜孔を通って核内か
ら細胞質へと出て行く。

**■ 遺伝情報の翻訳** 細胞質中では，mRNAの遺伝暗号
（塩基配列）をアミノ酸配列に置き換え，タンパク質を合成
する過程（翻訳）が進む。

⑥　発展　細胞質に出たmRNAは，細胞小器官の1つであ
るリボソームに結合する。

⑦　リボソームでは，mRNAの**コドン**と相補的な**アン
⊙10
チコドン**をもった**tRNA（転移RNA）**が結合する。

図23. 転写時の塩基の対応

**⊙7. 発展** この結合は，2本鎖
DNAを結びつけているのと同じ
水素結合という結合である。

**⊙8. エキソン 発展**
遺伝子のうちタンパク質合成に関
係する塩基配列の部分を，エキソ
ンという。

**⊙9. イントロン 発展**
遺伝子のうちタンパク質合成に関
係のない塩基配列の部分を，イン
トロンという。

**⊙10. コドンとアンチコドン**
3つの塩基配列で1つのアミノ酸
を指定するトリプレットはふつう
mRNA配列で示され，コドンと
呼ばれる（⇨ p.43）。また，コドン
と相補的なtRNAのトリプレット
をアンチコドンという。

図24. 遺伝情報の転写と翻訳

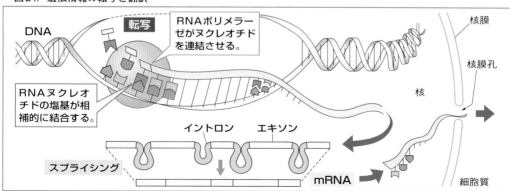

⑧ tRNAはそのアンチコドンごとに特定のアミノ酸と結合しており，アミノ酸どうしがペプチド結合で連結されると，tRNAは離れていく。

⑨ 発展 リボソームは，mRNAの遺伝暗号を読み取りながら移動し，**ポリペプチド鎖**を伸ばしていく。

⑩ mRNAの塩基配列がアミノ酸配列に置き換えられた**タンパク質**ができる。この，mRNAをもとにタンパク質を合成する過程を**遺伝情報の翻訳**という。

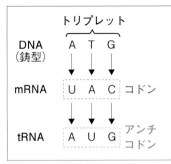

図25. DNAの塩基とコドン，アンチコドンの塩基の対応関係

**ポイント** 〔遺伝情報と形質発現〕

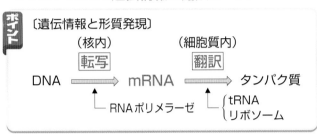

○11. ポリペプチド鎖 発展
アミノ酸がペプチド結合(⇒ p.12)によって多数つながって鎖状になったものをポリペプチド鎖(ポリペプチド)という。

# ⑥ 原核生物の遺伝情報の転写と翻訳 発展

■ **転写と翻訳が同じ場所で進行** 核をもたない原核生物では，合成中のmRNAにリボソームが結合し，遺伝情報の転写と翻訳が同じ場所で行われる。また，イントロンの塩基配列はほとんどないので，スプライシングは行われない。

**ポイント** 〔原核生物の転写と翻訳〕
転写と翻訳が同じ場所で進行。
スプライシングは起こらない。

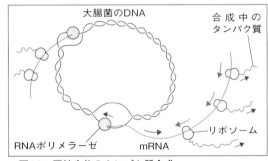

図26. 原核生物のタンパク質合成

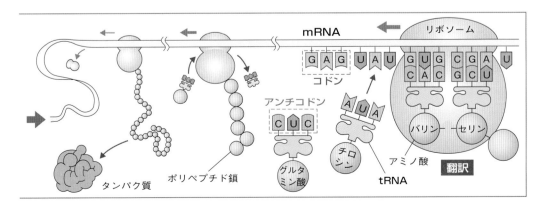

# 5 ゲノムと遺伝情報

■ 生物が自らの生命を維持するために必要な遺伝情報，ゲノムとはどのようなものかを学習しよう。

## 1 ゲノム

■ **ゲノム** 生物が自らの生命を維持するのに必要な最小限の遺伝情報の1セットをゲノム☆1という。ゲノムはその生物の生殖細胞がもつ遺伝情報に相当する。

■ **いろいろな生物のゲノムと遺伝子** いろいろな生物での1ゲノムの塩基対の数と遺伝子数(推定値)は次のようになっている。

☆**1. ゲノムに見られる個人差**
ヒトのゲノムでも，個人によって0.1％程度の異なりが見られる。そのため，薬の効き方などが個人によって異なる。これを調べることにより，個人個人に最適の薬をつくるオーダーメイド創薬が試みられている。

☆**2. ヒトの塩基対数**
ヒトの体細胞は，2ゲノムからできているので，30億×2＝60億の塩基対をもっている。

| 生物名 | ゲノムの総塩基対数 | 遺伝子数 |
|---|---|---|
| 大腸菌 | 約500万 | 約4500 |
| 酵母 | 約1200万 | 約7000 |
| ショウジョウバエ | 約1億2000万 | 約14000 |
| チンパンジー | 約30億 | 約20000 |
| ヒト | 約30億 ☆2 | 約20000 |
| イネ | 約4億 | 約32000 |

表6. 生物ごとの1ゲノム中の総塩基数と遺伝子数

## 2 ゲノムと遺伝子

■ **ゲノム中の遺伝子の割合** 真核生物では，遺伝子として働く塩基対は，ゲノムのごく一部である。ヒトの場合は，約30億ある塩基対の中で，遺伝子として働く塩基対は約4500万で，ゲノム全体の1.5％程度である。これは，遺伝子として働く塩基配列の間に，遺伝子としては働かない塩基配列が長く，多数ある☆3ためである。

☆**3. 遺伝子と非遺伝子領域**
ゲノム中の遺伝子と遺伝子の間の領域を非遺伝子領域という。

原核生物では，遺伝子どうしが接近して存在していて，遺伝子として働かない部分がほとんど無い。つまり，ほとんどの塩基対が遺伝子として働いている。

図27. 真核生物と原核生物のゲノム

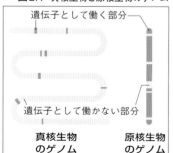

遺伝子として働く部分
遺伝子として働かない部分
真核生物のゲノム　原核生物のゲノム

**ポイント**
ゲノム…自らの生命を維持するのに最小限必要な遺伝情報の1セット。
遺伝子…真核生物では，遺伝子として働くのはゲノムのごく一部。原核生物ではほとんどが遺伝子。

# ③ からだを構成する細胞とゲノム

■ **からだを構成するゲノム** 多細胞生物のからだをつくる細胞は，1個の受精卵が体細胞分裂をくり返したものなので，基本的には体細胞はすべて同じゲノムをもっている。

■ **ゲノムプロジェクト** ある生物がもつゲノムの塩基配列を解読することにより，全遺伝情報を解明しようとする計画を**ゲノムプロジェクト**という。ヒトにおけるゲノムの解読は2003年に完了している。

■ **アフリカツメガエルの核移植実験** 発展 イギリスのガードンは，アフリカツメガエルを用いて核移植実験を行い，発生の進んだ個体の核でも，発生に必要な遺伝情報をもつことを明らかにした（⇨p.41）。

〔細胞とゲノム〕
同一個体の体細胞はすべて同じゲノムをもつ。
**ゲノムプロジェクト**…ある生物がもつゲノムを解読し，全遺伝情報を解明しようとすること。

参考 **細胞の分化とiPS細胞**
2006年，山中伸弥らは，マウスの皮膚の細胞に4つの遺伝子を入れて人為的に発現させ，さまざまな組織に分化する能力をもつ万能細胞であるiPS細胞をつくることに世界で初めて成功した。再生医療や薬の開発などの応用へ研究が進められている（⇨p.54）。

# ④ 多細胞生物のゲノム

■ **選択的に働くゲノム** 多細胞生物の体細胞は，すべて同じ遺伝子情報をもっているが，その遺伝子はすべて同じように働くのではなく，特定の細胞では，ゲノムの中の特定の遺伝子だけが働くように調節されている。

■ **だ腺染色体とパフ** キイロショウジョウバエなどの幼虫のだ腺（だ液腺）の細胞には，**だ腺染色体**という巨大な染色体が見られる。これには多数の**横しま**があり，酢酸オルセイン溶液などでよく染まることから，横しまは遺伝子の位置に対応すると考えられている。

また，だ腺染色体のところどころにある**パフ**という膨らみでは，mRNAが盛んに合成されており，遺伝子が働いている部分であるといえる。

■ **パフとゲノム** パフの位置は発生段階によって異なるので，幼虫の成長段階によってゲノムの中の発現する遺伝子が調節されていることがわかる。

発生段階によって働く遺伝子は異なる。

図28. 発生段階とだ腺染色体のパフ
蛹化は幼虫からさなぎへの変化である。

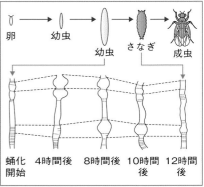

## 重要実験 体細胞分裂の観察
〔材料…タマネギの根〕

実験の方法とそれをする理由が重要!

### 方法

1 タマネギの鱗茎（りんけい）の底部を水につけて発根させる。（タマネギの種子を，水をたっぷりと含ませたろ紙の上にまいて発根させてもよい。）

2 タマネギの根端を先から10mm程度の所で切り取り，カルノア液（エタノール，クロロホルム，酢酸の混合液）や45%酢酸などの固定液に10～15分間浸す。➡ 固定

3 固定後，根端を60℃にあたためた4%塩酸に10～30秒間程度浸す。➡ 解離

4 根端をスライドガラスの上にのせ，先端から3mm程度を残して，ほかは捨てる。

5 酢酸オルセイン液か酢酸カーミン液を2～3滴かけ，5分間おいて染色する。➡ 染色

6 カバーガラスをかけて，その上からろ紙をかぶせ，親指の腹の部分で真上から静かに押しつぶす。➡ 押しつぶし

7 はじめは低倍率で検鏡し，分裂期の細胞を見つけたら，高倍率に変えて検鏡する。

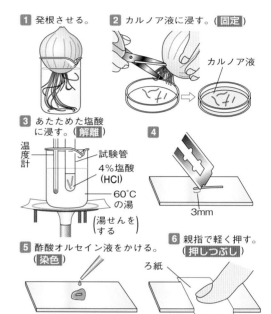

1 発根させる。
2 カルノア液に浸す。（固定）
カルノア液
3 あたためた塩酸に浸す。（解離）
温度計　試験管　4%塩酸（HCl）　60℃の湯　（湯せんをする）
4 3mm
5 酢酸オルセイン液をかける。（染色）
6 親指で軽く押す。（押しつぶし）　ろ紙

### 結果

●体細胞分裂の順に並べると，次のようになる。

   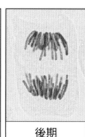  

| 間期 | 前期 | 中期 | 後期 | 終期 | 次の間期 |

### 考察

1 固定は何のためにするのか。 ━━▶ 細胞の死によって起こる変化を防ぐため。

2 解離は何のためにするのか。 ━━▶ 細胞壁どうしを接着しているペクチンを分解して，細胞の結合をゆるめるため。

3 押しつぶしは何のためにするのか。 ━━▶ 多層になっている細胞を1層に並べるため。

4 染色体の状態を調べるには，何期の細胞を観察したらよいか。 ━━▶ 染色体が赤道面に並ぶ，前期の終わりから中期にかけてが観察しやすい。

5 母細胞と娘細胞では染色体数は変化したか。 ━━▶ 染色体数は変化しない。

## 重要実験 だ腺染色体の観察
〔材料…ユスリカの幼虫〕

> だ腺染色体の横じまには，DNA があるんだよ！

### 方法

ユスリカの幼虫（アカムシ）のだ腺（だ液腺）にあるだ腺染色体（だ液腺染色体）は，間期でも太いひも状になっているので，顕微鏡で観察できる。だ腺染色体を観察し，形や特徴を調べてみよう。

1　体色が赤く，元気のよいユスリカの幼虫を1匹スライドガラスの上にのせ，頭部と頭部から第5節目あたりをピンセットでつまんで左右にひくと，2個の透明なだ腺が出てくる。

2　だ腺以外の部分を除去する。だ腺は1〜2 mm の透明なハート形の小体で脂肪体と似ているが，脂肪体は乳白色なので見分けられる。

3　染色…メチルグリーン・ピロニン溶液（⇨ p.42）を1滴落として，約5分間染色する。

4　押しつぶし…カバーガラスをかけた上にろ紙をのせ，親指の腹の部分で真上から静かに押して，だ腺を押しつぶす。

5　検鏡…低倍率で検鏡し，よく染色されて広がっているだ腺染色体を探し，高倍率にして，形・数・しま模様などを観察し，スケッチする。

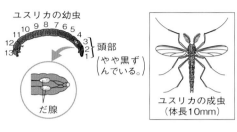

ユスリカの幼虫
頭部（やや黒ずんでいる。）
だ腺
ユスリカの成虫（体長10mm）

1　だ腺を取り出す。
ピンセット　柄つき針
スライドガラス

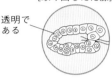

［取り出しただ腺］
透明である

2　だ腺だけをより分ける。

3　メチルグリーン・ピロニン溶液
5〜10分間放置する。

4　押しつぶす。
ろ紙

### 結果

1　多数の横じまをもつだ腺染色体が観察される。うまく押しつぶすと，だ腺染色体が核から飛び出してよく広がり，染色体の形や数が観察できる。

2　高倍率で観察すると，パフと呼ばれる染色体の膨らみが見られ，赤桃色に染色されて見える。また，横じまの部分は青〜青緑色に染色されて見える。

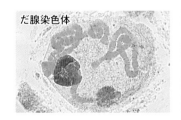

だ腺染色体

### 考察

1　ユスリカの染色体数は 2n = 8（種によっては 2n = 6）である。だ腺染色体は何本観察されるか。

→ だ腺染色体は相同染色体が互いに結合し，その数は体細胞の染色体数の半数である。

2　横じまの部分には，何があるか。

→ DNA 中で遺伝子が存在する部分になっている。

3　パフの部分は，どのような働きをしていることがわかるか。また，発生に伴ってパフの位置が変化するのはなぜか。

→ パフの部分では転写が盛んに起こり，RNA が合成されている。発生の進行に伴って働く遺伝子は異なるので，パフの位置も変化する。

1 ☐ DNAの構成単位を何という？

2 ☐ DNAを構成する物質は，リン酸と塩基が何という糖に結合したものか？

3 ☐ DNAに含まれる塩基AとT，GとCの数（の比）が等しいという規則を何という？

4 ☐ DNAがとる立体構造のことを何という？

5 ☐ 4のモデルを提唱したのは誰と誰か？

6 ☐ 遺伝情報はどのような形でDNAに記録されているか？

7 ☐ 体細胞分裂が終わってから次の体細胞分裂が終わるまでを何という？

8 ☐ 細胞周期のうち，分裂期を除いた期間を何という？

9 ☐ DNAの合成が行われる時期は，$G_1$期，S期，$G_2$期，M期のどの時期か？

10 ☐ DNA合成期にDNAが合成されると，DNA量はもとの何倍になるか？

11 ☐ 染色体が赤道面に並ぶのは，分裂期のどの時期か？

12 ☐ 細胞質分裂が起きるのは，分裂期のどの時期か？

13 ☐ 細胞が特定の形や働きをもつ細胞になることを何という？

14 ☐ RNAを構成する物質をつくっている糖は何か？

15 ☐ DNAとRNAで共通する塩基は何か？

16 ☐ 遺伝情報がDNA→RNA→タンパク質への一方向に流れるという原則を何という？

17 ☐ 形質発現の過程でDNAの塩基配列をRNAに写し取ることを何という？

18 ☐ mRNAの塩基配列をアミノ酸配列に置き換えることを何という？

19 ☐ 1つのアミノ酸を指定するmRNAの塩基配列は，何個で1組になっているか？

20 ☐ 生物個体が生命活動を営むのに最小限必要な遺伝情報の1セットを何という？

21 ☐ ヒトの1ゲノムの塩基対の数はおよそいくつか？

22 ☐ 発生が進んで分化した細胞のもつゲノムは，受精卵のものと同じか，異なるか？

23 ☐ だ腺染色体の膨らんだ部分を何という？

### 解答

| | | | |
|---|---|---|---|
| 1. ヌクレオチド | 8. 間期 | 15. アデニン[A]，グアニン[G]，シトシン[C] | 20. ゲノム |
| 2. デオキシリボース | 9. S期 | | 21. 30億（塩基対） |
| 3. シャルガフの規則 | 10. 2倍 | | 22. 同じ。 |
| 4. 二重らせん構造 | 11. 中期 | 16. セントラルドグマ | 23. パフ |
| 5. ワトソンとクリック | 12. 終期 | 17. 転写 | |
| 6. 塩基配列 | 13. 細胞の分化 | 18. 翻訳 | |
| 7. 細胞周期 | 14. リボース | 19. 3個 | |

## 1 核酸の構造

右の図は，核酸の
構成単位の模式図
である。各問いに
答えよ。

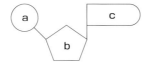

(1) この構成単位の名称を答えよ。
(2) (1)を構成するcは，DNAとRNAについてそれぞれ4種類ずつある。それぞれすべて答えよ。
(3) 図中のa，bは下の語群のいずれを示したものか。記号で答えよ。
　ア リン酸　イ 塩基　ウ 糖
(4) DNAとRNAでは，図中のbはそれぞれ何という化合物でできているか。
(5) DNAは上図の構成単位が極めて多数結合してできていて，独特な構造になっている。DNAのこの構造は，何と呼ばれているか。
(6) (5)を発見したのは誰と誰か。
(7) DNAの塩基の組成を調べたところ，アデニンが全体の20%を占めた。シトシンの占める割合は何%か。

## 2 DNAの構造

右の図は，DNA
の構造の模式図で
ある。各問いに答
えよ。

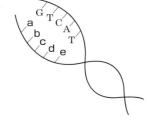

(1) 図中のa〜eにあてはまる塩基を答えよ。
(2) DNAの塩基は，AとT，CとGがそれぞれ対をつくっている。このように特定の塩基が対をつくりやすい性質のことを何というか。
(3) DNAに含まれる塩基の数の関係として成り立つ式を次の①〜④のうちから1つ選べ。
　① A+T=G+C　　② A+G=C+T
　③ 2A=T+C+G　　④ 3T=A+C+G

(4) 図中で，A，T，G，Cで示されている塩基の名称をそれぞれ答えよ。

## 3 DNAの塩基組成

下の表は，いろいろな動物の表皮細胞のDNA
を構成する塩基の割合〔%〕を調べたものである。各問いに答えよ。

| 生物名 | A | C | G | T |
|---|---|---|---|---|
| バッタ | 29.3 | 20.7 | 20.5 | 29.3 |
| ニワトリ | 28.8 | 21.5 | 20.5 | 29.2 |
| ヒト | 30.3 | 19.9 | 19.5 | 30.3 |

(1) この表からわかるような塩基の割合に見られる規則性を何というか。
(2) ヒトの肝臓のDNAでは，塩基としてAを含むヌクレオチドの割合は何%か。
(3) ニワトリの脳のDNAでは，塩基としてGを含むヌクレオチドの割合は何%か。

## 4 DNA分子の大きさ

ヒトの体細胞の核には46本の染色体があり，
ヒトの体細胞の核に含まれるDNAの塩基対数
は約60億である。DNA分子では，10塩基対
の長さは3.4nm（ナノメートル）である。各問いに答えよ。ただし，長さの単位の関係は次のようになっている。

　$1\mu m$（マイクロメートル）$= 1000\,nm$
　$1\,mm = 1000\,\mu m$
　$1\,m = 1000\,mm$

(1) ヒトの体細胞の核1個に含まれているDNAの長さは約何mか（整数）。
(2) ヒトの染色体の大きさが等しいと考えると，$G_1$期のヒトの染色体1本に含まれるDNAの平均の長さは何$\mu m$か（有効数字2桁）。
(3) 体細胞分裂中期に見られるヒトの染色体の平均の長さを$5\mu m$とすると，その染色体をつくっているDNAの長さの何分の1に凝縮されていることになるか。

## ⑤ 細胞の一生

下の図は，体細胞分裂が終わってから次の体細胞分裂が終わるまでの細胞あたりのDNA量の変化を示したものである。各問いに答えよ。

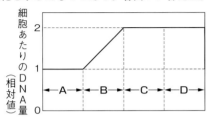

(1) 下線部のことを何というか。
(2) A～Dの時期をそれぞれ何というか。
(3) 間期に含まれるものを，A～Dからすべて選べ。
(4) 細胞の一生の中で，最も長い時期を，A～Dから選べ。

## ⑥ 体細胞分裂

下の図は，ある生物（$2n=4$）の体細胞分裂の過程を示したものである。各問いに答えよ。

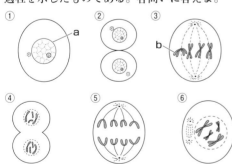

(1) 図は，動物，植物のどちらの細胞分裂を示したものか。また，そう判断した理由も説明せよ。
(2) 図中のa，bの各部の名称を答えよ。
(3) ①～⑥の図を，体細胞分裂の正しい順に並べかえよ。
(4) 娘細胞を示す図はどれか。また，娘細胞に含まれる染色体は何本か。

## ⑦ DNAの複製のしくみ

DNAの複製のしくみを調べるために，次のような実験が行われた。各問いに答えよ。

**実験1** 大腸菌を培養する培地の窒素源として$^{15}N$を含む培地で何代も培養すると，ふつうのDNA（$^{14}N$-$^{14}N$-DNA）に対し重い窒素でできたDNA（$^{15}N$-$^{15}N$-DNA）をもつ大腸菌ができた。

**実験2** 実験1の大腸菌を窒素源として$^{14}N$を含むふつうの培地に移して，細胞分裂をそろえる薬品を入れて，1回分裂させたところ，中間の重さのDNA（$^{15}N$-$^{14}N$-DNA）をもつ大腸菌ができた。

(1) 実験2で第2回目の分裂をさせたときの大腸菌のもつDNAの割合（軽いDNA：中間のDNA：重いDNA）はどうなるか。
(2) (1)で第3回目の分裂をさせたとき，大腸菌に含まれるDNAの重さの割合はどうなるか。
(3) この実験より明らかになったDNAの複製のしくみを何というか。
(4) この実験を行い，DNAの複製のしくみを証明したのは誰と誰か。

## ⑧ RNA

核酸の一種であるRNAは，タンパク質の合成に重要な働きをしている。RNAは，DNA同様ヌクレオチドが構成単位であるが，いくつかの点でDNAとは異なっている。各問いに答えよ。

(1) RNAのヌクレオチドをつくる糖は何か。
(2) RNAのヌクレオチドをつくる塩基の中で，DNAとは異なる塩基は何か。
(3) RNAを構成するヌクレオチド鎖は何本か。
(4) RNAの1つであるmRNAの働きを，次のア～ウから選べ。（**発展** **イ**）
ア アミノ酸を運ぶ。
イ リボソームを構成する。
ウ DNAの遺伝情報を細胞質に伝える。

## ⑨ DNAとRNA

下に示した，あるDNAのヌクレオチドの塩基配列について，各問いに答えよ。

GTTCATGGCTAACCG

(1) この塩基配列を写し取ったRNAの塩基配列を答えよ。

(2) 発展 真核生物では，転写はどこで行われるか。

(3) 転写の結果できたRNAを何というか。

(4) このDNAの塩基配列では，最大で何個のアミノ酸の並び方が決定されるか。

## ⑩ タンパク質の合成

次の図は，真核生物のタンパク質合成の過程を示したものである。各問いに答えよ。

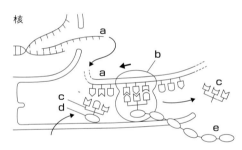

核

(1) 図中のa～eにあてはまる名称をそれぞれ答えよ。（発展 b）

(2) DNAの塩基配列をもとに図中のaが合成されることを何というか。

(3) DNAの塩基配列がATGCATの場合，aの塩基配列はどうなるか。

(4) 図中のaの塩基配列にもとづいてbがタンパク質を合成する働きを何というか。

(5) 発展 真核生物では核内でaが合成されるとき，アミノ酸配列を示さない塩基配列が除かれる。この過程を何というか。

(6) 発展 (5)のとき除かれる塩基配列を何と呼ぶか。また逆に翻訳される部分の塩基配列を何と呼ぶか。

(7) 遺伝情報がDNA→a→タンパク質へと一方向に流れるという，遺伝情報の発現の原則を何というか。

## ⑪ 核の移植 発展

分化した細胞の核内の遺伝情報について調べるために，次のような実験が行われた。各問いに答えよ。

**実験** 個体Aのヒツジの乳腺の細胞(体細胞)から核を取り出し，これを個体Bのヒツジの核を除いた卵細胞に移植した。この卵細胞を胞胚まで育てた胚を，個体Bのヒツジの雌の子宮に移植したところ，その雌から生まれたヒツジは個体Aの形質をもっていた。

(1) 文中の下線部のような実験を何と呼ぶか。

(2) この実験から，成体の組織に分化した細胞の核についてどのようなことがいえるか。次のア～ウから適当なものを選べ。

　ア　核内のすべての遺伝情報を発現している。

　イ　分化した細胞の核にも発生に必要な遺伝情報が保持されている。

　ウ　同じ組織ならば，個体Aも個体Bもちがいはない。

## ⑫ ゲノムと遺伝情報

次の各問いに答えよ。

(1) ゲノムとは何かを，簡潔に説明せよ。

(2) 次の文のうち，正しいものには○，誤っているものには×をつけよ。

　① 真核生物のゲノムの塩基配列は，ほとんど遺伝子として働いている。

　② 原核生物のゲノムの塩基配列は，ほとんど遺伝子として働いている。

　③ ヒトの精子がもつ遺伝情報は，ゲノムであるとはいえない。

　④ 特定の細胞では，ゲノムの中の特定の遺伝子だけが働くように調節されている。

# ● ヒト万能細胞とこれからの医療

● **iPS細胞**　イギリスのガードンによる核移植実験（→p.47）の成功によって，分化した動物細胞の核の遺伝子でも初期化が可能であることが明らかになった。これにより体細胞からの多能性幹細胞の作出を目指し世界中で研究が進められた。2007年11月，京都大学の山中伸弥教授は，約20000個もあるヒト遺伝子の中から選び出した4個の遺伝子を皮膚の細胞に導入し，究極のヒト多能性幹細胞・iPS細胞(induced Pluripotent Stem cells＝人工多能性幹細胞)をつくることに成功したと発表した。これらの業績より，ガードンと山中伸弥は，ノーベル生理学・医学賞を受賞した。

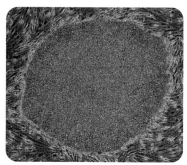

ヒト成人皮膚細胞からつくられた
ヒトiPS細胞の細胞塊

● **ES細胞**　動物の受精卵がもっている分化の全能性（一個体を形成するすべての細胞をつくり出す能力）は，卵割を重ね，細胞が分化していくに伴って低下していく。それぞれの細胞のもつ遺伝子が減るわけではないが，遺伝子にロックがかかり，ほかの細胞に変化できなくなるのだ。1998年，アメリカのジェームズ トムソン教授は胚盤胞の内部細胞塊という未分化の細胞を培養して，受精卵のように分化の全能性をもつ細胞株をつくることに成功した。これがES細胞(Embryonic Stem cells＝胚性幹細胞)である。

山中伸弥

● **ES細胞のもつ問題点**　分化の全能性をもつ「万能細胞」が誕生したことで，再生医療への実用化がおおいに期待されるようになった。しかし，ヒトのES細胞は「本当なら赤ちゃんになるはず」の初期胚を壊して得た細胞であるという点で倫理的に問題がある。また，病気の治療のための臓器移植に利用しようとしても，ES細胞からつくった組織や臓器は患者にとって「他人のもの」なので拒絶反応の問題が避けられない（→p.87）。

● **iPS細胞のこれから**　iPS細胞は，ES細胞がもつ倫理的な問題をクリアーでき，また患者本人の細胞を使うことで臓器移植における拒絶反応の心配もない。難病患者の細胞からiPS細胞をつくることで，治療困難な病気の発症の研究や，薬剤の効果・毒性をテストするなど，医療へのさまざまな利用が期待されている。現在は，iPS細胞をつくるためのより安全で効率的な手法やiPS細胞の応用についての研究が各国で進められている。

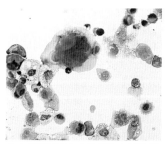

ヒトiPS細胞から作製した巨核球
（血小板のもとになる細胞）

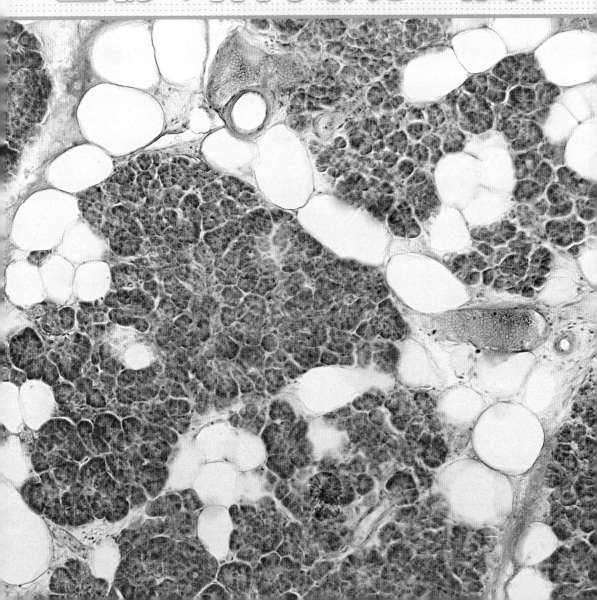

# 2編

# 生物の体内環境の維持

# 1章 個体の恒常性の維持

## 1 体内環境と恒常性

### 1 環境と恒常性の維持

■ **体外環境**　生物は，気温など，絶えず変化するまわりの環境の影響を受けながら生活している。生物を取りまく外部の環境を**体外環境**という。

■ **体内環境**　多くの多細胞動物では，からだの中にある液体が体内の細胞を取りまいている。この液体を**体液**[1]といい，体内の細胞にとって一種の環境をつくっている。体液がつくる環境を**体内環境（内部環境）**という。

■ **恒常性の維持**　からだのしくみが複雑な多細胞動物になるほど，体外環境の変化の大きさに対して体内の変化をより小さく保とうとするしくみが発達している。これを**恒常性（ホメオスタシス）**という。多細胞動物では，体内環境である体液の濃度や体温などを調節することによって，恒常性の維持を行っている。

> **ポイント**　恒常性（ホメオスタシス）…体内環境をできるだけ一定に保とうとするしくみ。

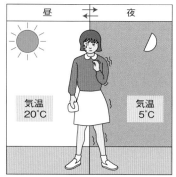

**図1. 変化する体外環境**

昼 / 夜

気温 20℃ / 気温 5℃

✿1. 体液
細胞の外部を取りまく液体なので，細胞外液ともいう。

**図2. 体外環境と体内環境**

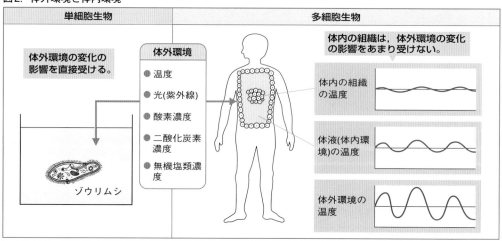

| 単細胞生物 | 多細胞生物 |

体外環境の変化の影響を直接受ける。

**体外環境**
● 温度
● 光(紫外線)
● 酸素濃度
● 二酸化炭素濃度
● 無機塩類濃度

ゾウリムシ

体内の組織は，体外環境の変化の影響をあまり受けない。

体内の組織の温度

体液(体内環境)の温度

体外環境の温度

# ② 恒常性と情報の伝達

■ **恒常性と情報**　恒常性の維持には，受容器（感覚器官）で感知した体内の状態をもとに全身の組織や器官の働きが調節される。このとき感知した状態や調整する命令などの情報の伝達が**神経系**や**内分泌系**(ないぶんぴつ)によって行われる。

図3.　体内における情報の伝達とからだの調節

■ **受容器（感覚器官）**　体外の情報は光・音などの刺激として眼・耳などの受容器にある特定の細胞（感覚細胞）で受容される。また，体内にはからだの伸展や体液中の物質濃度，体温などを受容する感覚細胞もある。

■ **神経系の働き**　神経系は多数の**神経細胞（ニューロン）**から構成されており，情報を伝達する役割と，情報を処理して感覚を生じたり判断や命令を行う中枢としての役割をもつ。中枢は脳と脊髄に存在し，これを**中枢神経系**とよぶ。中枢とからだの各部の間で情報を伝達する神経系を**末梢神経系**と呼び，恒常性にかかわる情報を伝達する末梢神経は**自律神経系**と呼ばれる（⇨p.64）。

■ **内分泌系による情報伝達**　内分泌系では，**内分泌腺**[2]と呼ばれる器官がホルモンと呼ばれる物質を血液中に分泌し，血流によって運ばれた**ホルモン**が特定の細胞（標的細胞）に情報を伝えて働きを調節する（⇨p.66）。内分泌系による調節は，直接情報を細胞に伝える神経系に比べ時間はかかるが持続性がある。

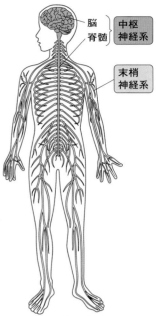

図4.　ヒトの神経系

✿**2. 内分泌腺**
化学物質を分泌する組織を腺（分泌腺）という。腺には，体表や消化管内に汗，涙，消化液などを分泌する外分泌腺と，血液中にホルモンを分泌する内分泌腺がある。

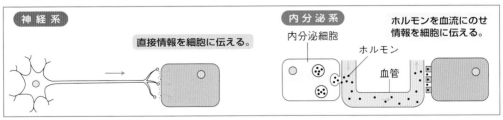

図5.　神経系と内分泌系の働きのちがい

〔恒常性の情報伝達〕
　　　神経系…直接情報を細胞に伝えて調節を行う。
　　　内分泌系…血流でホルモンを運び調節を行う。

# 2 循環系とそのつくり

○1. 血管系の種類
血管系は,毛細血管がない開放血
管系(節足動物など)と,毛細血管
が発達している閉鎖血管系(脊椎
動物など)とに分けられる。

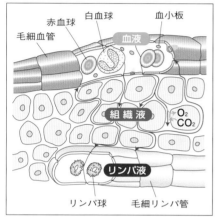

図6. 体液の種類

## 1 循環系

■ ヒトは,**血管系**と**リンパ系**からなる**循環系**をもっている。

①血管系…心臓と血管からなる。
②リンパ系…リンパ管やリンパ節,および胸腺(きょうせん)からなる。

## 2 体液の種類

■ **体液の種類** ヒトの体液は,血管の中を流れる**血液**,血液の液体成分が血管外へしみ出して組織の細胞の間を満たす**組織液**,組織液の一部がリンパ管内に入ってリンパ管内を流れる**リンパ液**の3つに分けられる(図6)。

■ **血液** 血液は,細胞成分である**血球**と,液体成分である**血しょう**からできている。

| 血球（細胞成分） | 名称 | 1 mm$^3$中の数 | 核 | 働き |
|---|---|---|---|---|
| | 赤血球 | 450万〜500万 | 無核 | ヘモグロビンによる酸素の運搬。 |
| | 白血球 | 4000〜8500 | 有核 | 食作用(しょくさよう)による細菌の捕食。免疫(めんえき)。 |
| | 血小板 | 20万〜40万 | 無核 | 血液凝固(けつえきぎょうこ)に関係。 |
| 血しょう（液体成分） | 水(約90%),タンパク質(約7%),無機塩類,グルコース(血糖;約0.1%),脂質など | | | |

表1. ヒトの血液の成分と働き——血中の白血球の約25%はリンパ球で,免疫反応による生体防御(➡p.82~84, 86~91)を担っている。

■ **組織液** 組織液は,酸素や養分を細胞に与え,二酸化炭素や老廃物(ろうはいぶつ)を細胞から受け取る。組織液の大部分は毛細血管に再びもどるが,一部はリンパ管に吸収されてリンパ液になる。

■ **リンパ液** リンパ管内の液体を**リンパ液**といい,からだの防衛に関係する**リンパ球**という細胞を含んでいる。

ポイント

体液 {
血液 { 細胞成分…赤血球,白血球,血小板
液体成分…血しょう
組織液…血しょうが組織にしみ出たもの。
リンパ液…リンパ管に吸収された組織液。
}

## ③ ヒトの心臓のつくり

■ 心臓は，にぎりこぶしくらいの大きさの器官で，血液を循環させる**ポンプ**である。ヒトの心臓は**2心房2心室**からなり，筋肉でできた4つの部屋をもっている（図7）。心房は血液がもどってくる部屋で，その壁は薄く，心室は血液を押し出す部屋で，その壁は厚い。

## ④ 心臓の拍動

■ **拍動** 心房が収縮すると，血液は心室に送り込まれ，次に，心室が収縮すると，血液は勢いよく大動脈や肺動脈に押し出される。心臓は，心房と心室のこのような周期的な収縮を規則正しくくり返す。心臓のこの規則正しい運動を**拍動**という。ふつう，1分間に70〜80回くらいの割合で拍動し，安静時で，1分間に約5Lの血液を押し出す。

■ **血液の逆流防止** 心室と心房，心室と大動脈や肺動脈の間には，血液の逆流を防ぐための**弁**がついている。

■ **拍動調節** 心臓には自動的に拍動するしくみがあり，心臓は，神経から切り離しても拍動を続ける。また，拍動数（心拍数）は自律神経系によっても調節されている（➡p.65）。

　右心房にある**洞房結節**は定期的な興奮を発生させ，心臓全体の拍動ペースをつくるので，**ペースメーカー**[2]と呼ばれている。

■ **血圧** 左心室から送り出された血液は，弾力性に富む動脈の血管壁を押し広げながら動脈内を流れる。このとき，血管を押し広げる圧力を**血圧**という。最も強く押し広げたときを**最高血圧**，弱いときを**最低血圧**という。

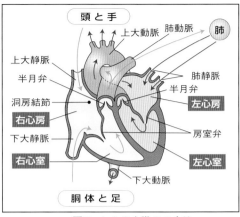

図7．ヒトの心臓のつくり

⚙2. 医療機器のペースメーカーは，洞房結節の働きが不十分な患者の心臓に電気刺激を与えて拍動を促す。

図8．心臓の拍動

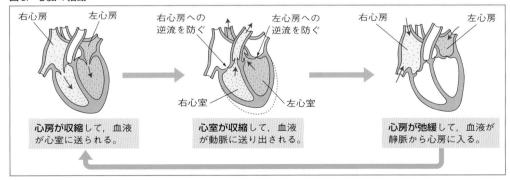

心房が収縮して，血液が心室に送られる。

心室が収縮して，血液が動脈に送り出される。

心房が弛緩して，血液が静脈から心房に入る。

## 5 血管の種類と血液の循環

■ **血管の種類** ヒトの血管系をつくる血管は，動脈，静脈，毛細血管の3つに分けられ，それぞれ次のような特徴をもっている。

①**動脈** 血管壁が厚く，弾力性に富んでおり，高い血圧に耐える。

②**静脈** 血管壁が薄く，血液の逆流を防ぐ弁をもつ。

③**毛細血管** 1層の細胞からできており，血しょう成分が細胞のすき間からしみ出す。

■ **血液の循環** 心臓から全身へ送り出された血液は動脈を通り運ばれ，全身の組織や細胞では毛細血管を通る際に，周囲の組織液と物質の交換を行う。毛細血管を通過後，血液の大半は静脈から心臓へと回収される。

## 6 肺循環と体循環のちがい

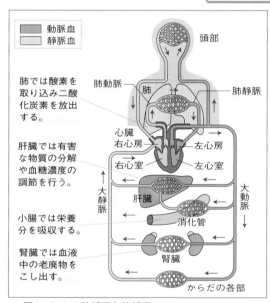

図9．ヒトの肺循環と体循環

■ **肺循環と体循環** 肺呼吸をする動物では，血管系が，心臓を中心として，肺に血液を送る**肺循環**と全身の組織に血液を送る**体循環**に分かれている。

〔肺循環〕 肺で酸素を受け取り，二酸化炭素を放出する。

　心臓→肺動脈→肺→肺静脈→心臓

〔体循環〕 からだ中の組織に酸素や栄養分を渡し，二酸化炭素と老廃物を受け取る。

　心臓→大動脈→全身→大静脈→心臓

■ **動脈血と静脈血** 肺で酸素を受け取り，酸素含有量の多い鮮紅色の血液を**動脈血**といい，組織で酸素を放出して二酸化炭素を受け取り，暗赤色になった血液を**静脈血**という。肺静脈を流れる血液が最も多く酸素を含む。

肺動脈には静脈血が，肺静脈には動脈血が流れていることに注意！

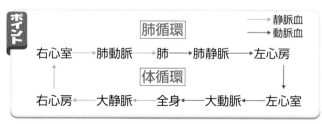

# 7 ヘモグロビンと酸素の運搬

■ **酸素の運搬** 赤血球の成分である**ヘモグロビン**(Hb)は，肺やえらなどの酸素の多い所では，酸素と結合して**酸素ヘモグロビン**($HbO_2$)になる。逆に，組織などの酸素の少ない所では，酸素を放出してヘモグロビンにもどる。これによって，呼吸器官から組織に酸素が運ばれる。

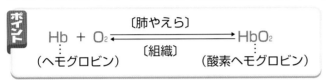

$$Hb + O_2 \underset{〔組織〕}{\overset{〔肺やえら〕}{\rightleftharpoons}} HbO_2$$

（ヘモグロビン）　　　　　　　　（酸素ヘモグロビン）

**◇3. ヘモグロビンの構造** 発展

ヘモグロビンはヘムと呼ばれるFe(鉄)を含む色素タンパク質を含む。酸素の運搬はヘムと酸素が結合することで行われる。

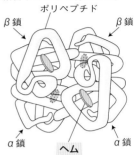

■ **酸素解離曲線**（さんそかいりきょくせん） 酸素濃度と酸素ヘモグロビンの割合を示した曲線を**酸素解離曲線**という。

| | $O_2$濃度 | $CO_2$濃度 |
|---|---|---|
| 肺胞 | 100 | 40 |
| 組織 | 30 | 70 |

（相対値）

組織で$O_2$を解離する$HbO_2$は，
96－30＝66〔%〕

酸素解離度は，
$\dfrac{96-30}{96} \times 100 = 68.8〔\%〕$

図10. 酸素解離曲線とその見方

■ **酸素解離曲線の見方**

① 酸素が多く二酸化炭素が少ない肺胞では，ヘモグロビンは酸素と結合し，酸素ヘモグロビンとなっている割合が高い。図10では，$CO_2$濃度40のグラフ(―)で横軸の$O_2$濃度が100のときの値を読むと，96％となる。

② $O_2$濃度が低い組織の中では，$HbO_2$の割合が低くなる。図10では$CO_2$濃度70のグラフ(―)で横軸の$O_2$濃度が30のときの値を読むと，30％となる。

③ ①と②の差である96－30＝66％の酸素ヘモグロビンが組織で酸素を放出するといえる。肺胞で酸素と結合してできた酸素ヘモグロビンが組織で酸素を放出する割合は $\dfrac{96-30}{96} \times 100 = 68.8\%$ である。

# 3 ヒトの神経系

## 1 ヒトの神経系の構成

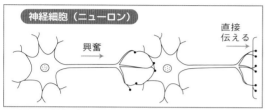

図11. 神経系

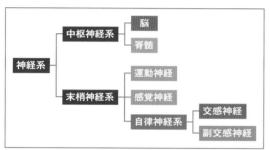

図12. ヒトの神経系

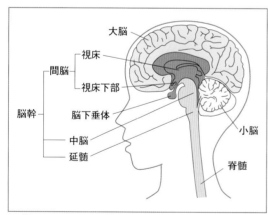

図13. ヒトの脳の構造

■ **神経細胞**　長い突起をもつ多数の**神経細胞（ニューロン）**（図11）がつながって神経系をつくっている。体内での状況の変化や外部からの刺激によって興奮と呼ばれる信号が生じ，ニューロンを介して伝えられる。

■ **神経系**　神経細胞から構成される器官をまとめて**神経系**（図12）という。ヒトの神経系は，脳と脊髄からなる**中枢神経系**と，中枢神経系とからだの各部の間で情報伝達を行う**末梢神経系**からなる。末梢神経系は感覚神経，運動神経と自律神経系（⇨p.64）に分けられる。

## 2 ヒトの中枢神経系

■ **ヒトの脳の構造と働き**　中枢神経系の脳（図13）は**大脳，小脳，脳幹**に分けられ，それぞれ中枢として異なる働きをもつ。

■ **大脳**　視覚や聴覚などの感覚や，意識による運動などの情報を処理する中枢である。記憶，思考，判断，創造，意思など高度な精神活動の中枢。

■ **小脳**　筋肉運動の調節やからだの平衡を保つ中枢。

■ **脳幹**　脳幹は間脳，中脳，延髄などからなり，体内環境を一定に調節する恒常性にかかわる。

①**間脳の働き**　間脳は視床と視床下部からなる。**視床**は感覚器と大脳をつなぐ感覚神経の中継点として働く。**視床下部**は自律神経系と内分泌系の中枢である。視床下部の神経分泌細胞は脳下垂体の働きを調節する。

②**中脳の働き**　**中脳**は姿勢の保持や瞳孔の大きさを調節する中枢として働く。

③**延髄の働き**　**延髄**は呼吸運動や心臓拍動の調節を行う。

■ **脳下垂体**　間脳の視床下部の調節を受ける。前葉と後葉にわかれ，各種のホルモンを分泌する。

| 脳の各部分 | | | 働き |
|---|---|---|---|
| 大脳 | | | 感覚，随意運動，記憶，思考，感情などの高度な精神活動の中枢 |
| 小脳 | | | からだの平衡を保つ中枢 |
| 脳幹 | 間脳 | 視床 | 感覚神経と大脳の中継点 |
| | | 視床下部 | 自律神経系と内分泌系の中枢 |
| | 中脳 | | 姿勢の保持や眼球運動，瞳孔の大きさを調節する中枢 |
| | 延髄 | | 呼吸運動，心臓拍動，消化管運動，消化液の分泌などの調節中枢 |

表2. ヒトの脳の構造と働き

## ③ 脳死と植物状態

■ **脳死**　日本では，一般にヒトの死は，心臓の拍動が停止(心停止)し，再開しないことで判断される。**脳死**は脳幹を含む脳全体の機能消失と回復の可能性がない状態であり，人工呼吸器や薬剤などによる生命維持の措置を行わなければ，やがて呼吸や心臓の拍動が停止に至る。

■ **植物状態**　大脳の機能が停止しても，脳幹の機能が停止していない場合は**植物状態**と呼ばれる。植物状態では自発的な呼吸や心臓の拍動による体液の循環などの調節は行うことができる。

・深いこん睡
・自発呼吸の消失
・瞳孔の固定と散大
・平たんな脳波
・脳幹反射の消失

↓

6時間以上経過後に再検査を行った結果，変化が見られない

↓

脳死と判定

図14. 脳死の判定基準

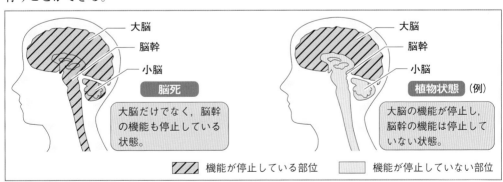

図15. 脳死と植物状態

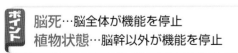

脳死…脳全体が機能を停止
植物状態…脳幹以外が機能を停止

# 4 自律神経系

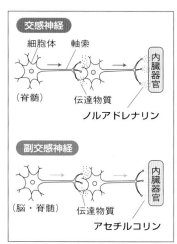

**交感神経**
細胞体　軸索
（脊髄）　内臓器官
伝達物質
ノルアドレナリン

**副交感神経**
（脳・脊髄）　内臓器官
伝達物質
アセチルコリン

図16. 交感神経と副交感神経

■ 神経の中で，無意識のうちに働く神経系を**自律神経系**という。自律神経系には，**交感神経**と**副交感神経**がある。

## 1 無意識のうちに働く神経系

■ 興奮したり緊張したりすると，無意識のうちに心臓の拍動（心拍）が激しくなって血圧が上がり，呼吸も早くなる。逆に安静にしているときには，心拍がゆるやかになって血圧が下がる。これらの働きを調節しているのが**自律神経系**である。

■ **自律神経系**　自律神経系は末梢神経系の一部で，内臓や分泌腺などに分布して，それらの働きを意思とは関係なく支配している。**交感神経**と**副交感神経**がある。

■ **交感神経と副交感神経**　交感神経は興奮時や緊張時に働き，副交感神経は安静時に働く。このように交感神経と副交感神経は，互いに拮抗的に働くことで恒常性を維持している。この2つの神経の働きをまとめると次のようになる。

| | 働くとき | 働き | 分布 |
|---|---|---|---|
| 交感神経 | 興奮時や緊張時 | 心拍や呼吸の促進・消化器官の働きの抑制 | 脊髄から出て，各器官に分布 |
| 副交感神経 | 安静時（リラックス時） | 心拍の抑制・消化器官の働きの促進 | 中脳，延髄，脊髄の下部から各器官に分布 |

表3. 自律神経系の働きと分布

> **ポイント**
> 自律神経系 ─ 交感神経…興奮時・緊張時に働く。
> 　　　　　　└ 副交感神経…安静時に働く。

**○1. 神経伝達物質の発見** 発展
ドイツのレーウィは，カエルの心臓Aと心臓Bをつないでカエルの体液に近い溶液を流し，心臓Aにつないだ副交感神経を刺激すると，心臓Bも遅れて拍動が抑制されることを発見した。レーウィは，これが神経の末端から分泌された化学物質によると考え，神経伝達物質と名付けた。

## 2 自律神経系による調節

■ **自律神経系の中枢**　自律神経系の中枢は，中脳，延髄，脊髄にあって，**間脳の視床下部**が統合中枢として働く。

■ **神経伝達物質** 発展　自律神経の末端からは**神経伝達物質**が分泌されて各器官に作用している。交感神経の末端からは**ノルアドレナリン**が，副交感神経の末端からは**アセチルコリン**が分泌される（図16）。

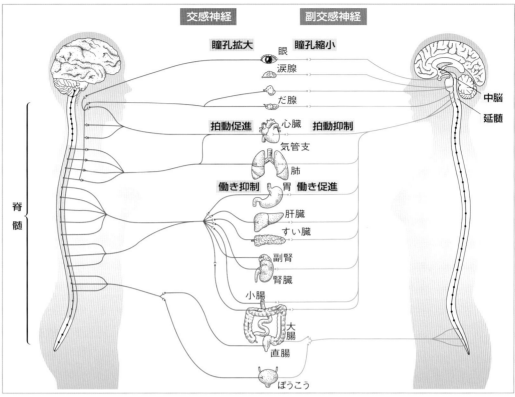

図17. 自律神経系とその働き

| | 瞳孔 | 心臓の拍動 | 気管支 | 血圧 | 胃腸運動 | 排尿 | 体表の血管 | 立毛筋 | 発汗 |
|---|---|---|---|---|---|---|---|---|---|
| 交感神経 | 拡大 | 促進 | 拡張 | 上昇 | 抑制 | 抑制 | 収縮 | 収縮 | 促進 |
| 副交感神経 | 縮小 | 抑制 | 収縮 | 低下 | 促進 | 促進 | − | − | − |

# ③ 心臓の拍動と自律神経系

■ **ペースメーカー** 　規則正しい心臓の拍動のリズムは右心房にある**ペースメーカー(洞房結節)**の働きでつくられる(⇨p.59)。

■ **拍動促進** 　運動すると血液中の二酸化炭素濃度が高まる。これを，延髄の心臓拍動中枢が感知する。すると**交感神経**が興奮してペースメーカーに働きかけ，心拍を促進し，血圧を上昇させて組織への酸素の供給量を増加させる。

■ **拍動抑制** 　安静時，血中の二酸化炭素が減少すると，**副交感神経**が興奮してペースメーカーに働きかけ，心拍が抑制される。

図18. 心臓の拍動調節

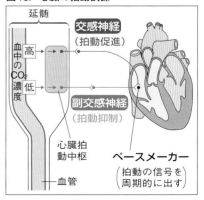

# 5 ホルモンと内分泌腺

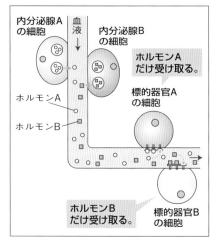

図19. ホルモンと標的器官

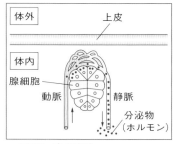

図20. 内分泌腺

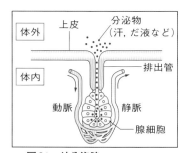

図21. 外分泌腺
例 汗腺, だ腺など

■ 体外環境の変化に対して, 神経系はすばやく対応するが, その効果には持続性のないことが多い。持続的な対応には, ふつう, 内分泌腺から分泌されるホルモンが使われている。

## 1 ホルモンと標的器官

■ ホルモン 内分泌腺と呼ばれる特定の器官でつくられて, 血液によって全身に運ばれ, 受容体をもつ特定の標的器官に作用して, その働きを調節する物質をホルモンという。ホルモンにはいろいろなものがあるが, いずれも微量で著しい働きを示す。ホルモンには, 下のポイントのような特徴がある。

■ 標的器官 ホルモンの作用を受ける器官を標的器官という。標的器官には, 特定のホルモンを特異的に受容する受容体をもつ標的細胞がある。

> ポイント
> 〔ホルモンの特徴〕
> ① 内分泌腺で合成される。
> ② 血液で運ばれ, 特定の標的器官に作用する。
> ③ 微量で有効である。
> ④ 自律神経系に比べ, 反応の持続時間が長い。

## 2 内分泌腺

■ 内分泌腺と外分泌腺 ホルモンやだ液などの分泌物をつくる器官を腺(分泌腺)という。体液中に直接分泌物を放出する腺を内分泌腺, 排出管を通じて体外に分泌する腺を外分泌腺という(図20, 21)。

■ 内分泌腺 脊椎動物の内分泌腺には, 間脳の視床下部, 脳下垂体, 甲状腺, 副甲状腺, すい臓のランゲルハンス島, 副腎などがある。それぞれの内分泌腺でつくられるホルモンの種類は決まっており, まとめると図22のようになる。

■ ホルモンの分泌 内分泌腺で合成されたホルモンは, 血液中に放出され, 血流に乗って運ばれる。

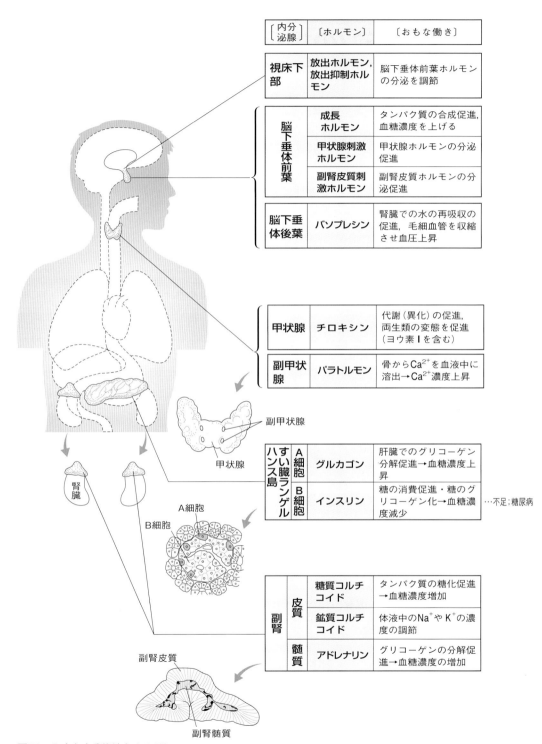

| [内分泌腺] | | [ホルモン] | [おもな働き] |
|---|---|---|---|
| 視床下部 | | 放出ホルモン,放出抑制ホルモン | 脳下垂体前葉ホルモンの分泌を調節 |
| 脳下垂体前葉 | | 成長ホルモン | タンパク質の合成促進,血糖濃度を上げる |
| | | 甲状腺刺激ホルモン | 甲状腺ホルモンの分泌促進 |
| | | 副腎皮質刺激ホルモン | 副腎皮質ホルモンの分泌促進 |
| 脳下垂体後葉 | | バソプレシン | 腎臓での水の再吸収の促進,毛細血管を収縮させ血圧上昇 |
| 甲状腺 | | チロキシン | 代謝(異化)の促進,両生類の変態を促進(ヨウ素Iを含む) |
| 副甲状腺 | | パラトルモン | 骨から$Ca^{2+}$を血液中に溶出→$Ca^{2+}$濃度上昇 |
| すい臓ランゲルハンス島 | A細胞 | グルカゴン | 肝臓でのグリコーゲン分解促進→血糖濃度上昇 |
| | B細胞 | インスリン | 糖の消費促進・糖のグリコーゲン化→血糖濃度減少 …不足;糖尿病 |
| 副腎 | 皮質 | 糖質コルチコイド | タンパク質の糖化促進→血糖濃度増加 |
| | | 鉱質コルチコイド | 体液中の$Na^+$や$K^+$の濃度の調節 |
| | 髄質 | アドレナリン | グリコーゲンの分解促進→血糖濃度の増加 |

副甲状腺

甲状腺

腎臓

A細胞

B細胞

副腎皮質

副腎髄質

図22. おもな内分泌液とホルモン

# 6 ホルモンの相互作用

## 1 ホルモンのコントロール

■ ホルモンの分泌量は，多すぎても少なすぎても，からだの恒常性を維持することはできない。そこで，からだには，ホルモンの分泌量を適量に調節する**フィードバック**と呼ばれるしくみがある。このフィードバックによる調節には，間脳の視床下部と脳下垂体が深く関与している。

## 2 視床下部の働き

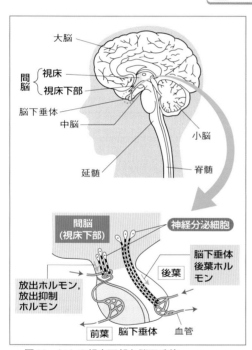

大脳
間脳 — 視床
　　　 視床下部
脳下垂体
中脳
小脳
延髄
脊髄

間脳
（視床下部）　　　　神経分泌細胞
　　　　　　　　　　　脳下垂体
　　　　　　　後葉　後葉ホルモン
放出ホルモン，
放出抑制
ホルモン
前葉　脳下垂体　血管

図23. ヒトの視床下部と脳下垂体

■ **間脳の視床下部**　ヒトの脳は，大脳・間脳・中脳・小脳・延髄に分かれている。このうち，大脳に包まれるようにして，大脳の下側にある間脳の一部に**視床**と呼ばれる部分があり，さらに下方に**視床下部**がある。視床下部は恒常性維持の中枢となって働く。

■ **神経分泌細胞**　視床下部には，神経分泌細胞があり，ここでつくられた**放出ホルモン**や**放出抑制ホルモン**は，血液によって脳下垂体前葉に運ばれ，脳下垂体前葉から分泌されるホルモンの分泌量を調節している。

■ **脳下垂体後葉ホルモン**　脳下垂体後葉のホルモンは，視床下部の神経分泌細胞（放出ホルモンや抑制ホルモンをつくる細胞とは別の細胞）でつくられ，その神経分泌細胞の軸索を通して運ばれて脳下垂体後葉内の毛細血管に直接分泌される。

脳下垂体後葉から出されるバソプレシンは，脳下垂体後葉でつくられたものではない点に注意！

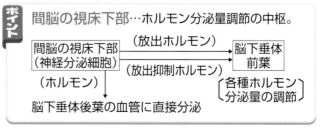

**ポイント**　間脳の視床下部…ホルモン分泌量調節の中枢。

間脳の視床下部　　（放出ホルモン）　　　　　脳下垂体
（神経分泌細胞）　　（放出抑制ホルモン）　　前葉
　　　　　　　　　　　　　　　　　　　　　　各種ホルモン
（ホルモン）　　　　　　　　　　　　　　　　分泌量の調節
脳下垂体後葉の血管に直接分泌

# ③ フィードバックによる調節

## ■ 甲状腺ホルモンの調節

### ①チロキシン濃度が低くなったとき

⇒間脳の視床下部や脳下垂体前葉で，血液中のチロキシン濃度が低くなったことを感知すると，間脳視床下部は放出ホルモン(甲状腺刺激ホルモン放出因子)の分泌量を増加させる。その結果，脳下垂体前葉からの甲状腺刺激ホルモンの分泌量が増加する。すると，甲状腺の働きが促進されて，チロキシンの分泌量が増加する。

### ②チロキシン濃度が高くなったとき

⇒血液中のチロキシン濃度が高くなったことを感知すると，間脳視床下部は放出抑制ホルモン(甲状腺刺激ホルモン放出抑制因子)の分泌量を増加させる。その結果，脳下垂体前葉からの甲状腺刺激ホルモンの分泌量が減少し，甲状腺の働きが抑制されて，チロキシンの分泌量が減少する。

## ■ 副腎皮質ホルモンの調節

### ①糖質コルチコイドの濃度が低くなったとき

⇒間脳の視床下部や脳下垂体前葉で，血液中の糖質コルチコイドの濃度が低くなったことを感知すると，間脳視床下部は放出ホルモンの分泌量を増加させる。その結果，脳下垂体前葉からの副腎皮質刺激ホルモンの分泌量が増加する。すると，副腎皮質の働きが促進されて，糖質コルチコイドの分泌量が増加する。

### ②糖質コルチコイドの濃度が高くなったとき

⇒血液中の糖質コルチコイドの濃度が高くなったことを感知すると，間脳視床下部は放出抑制ホルモンの分泌量を増加させる。その結果，脳下垂体前葉からの副腎皮質刺激ホルモンの分泌量が減少する。すると，副腎皮質の働きは抑制されて，糖質コルチコイドの分泌量が減少する。

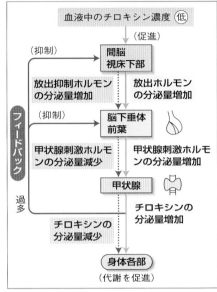

図24. チロキシンの分泌量の調節

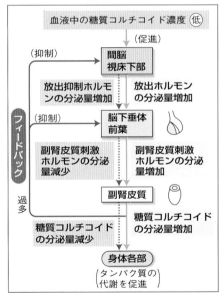

図25. 糖質コルチコイドの分泌量の調節

ポイント
血液中のホルモン濃度は，フィードバックにより，高いと低くなるように，低いと高くなるように調節され，一定に保たれている。

# 7 血糖濃度と体温の調節

■ 間脳の視床下部は，ホルモンと自律神経系の働きをうまく調節して恒常性の維持をはかっている。その例として，血糖濃度調節と体温調節のしくみを見てみよう。

## 1 ヒトの血糖濃度とホルモン

■ **ヒトの血糖濃度** ヒトの血液中に含まれるグルコースを血糖といい，その値を血糖濃度という。健常者では，その値は血液100 mL中に約100 mg（約0.1%）である。約130 mg/100 mL以上になると高血糖，約70 mg/100 mL以下になると低血糖といい，血糖濃度調節のしくみが働く。

> **ポイント**
>
> 健常者の血糖濃度…約0.1%（100 mg/100 mL）
>
> 約70 mg ←―――約100 mg―――→ 約130 mg
> （低血糖） （高血糖）
>
> 〔血糖濃度を上げる しくみが働く〕 〔血糖濃度を下げる しくみが働く〕

**✿1. 成長ホルモン**
脳下垂体前葉から分泌される成長ホルモンも，血糖濃度を上げる働きをする。

**✿2. 糖尿病**
インスリンの分泌量が少ないと，血糖濃度が上昇しても下げることができず，糖尿病（⇒p.71）になる。

■ **血糖濃度調節に働くホルモン** 血糖濃度は，おもに，次の4つのホルモンによって調節されている。[✿1]

> **アドレナリン・グルカゴン**…グリコーゲンをグルコースに分解して血糖濃度を上げる。
>
> **糖質コルチコイド**…タンパク質を糖に変えて血糖濃度を上げる（タンパク質の糖化）。
>
> **インスリン**…グルコースをグリコーゲンに合成して血糖濃度を下げる。また，グルコースの分解も促進する。

図26. 食事前後の血糖濃度とホルモン濃度の変化

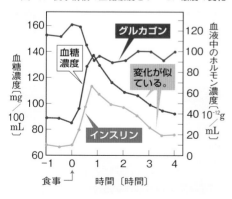

■ **食後の血糖濃度とホルモン量の変化** 食事をすると，一時的に血糖濃度は上昇する。しかし，健常者の場合，血糖濃度が上昇するとインスリンの分泌量が増加し，血糖濃度を下げるように働いて，血糖濃度が正常な値にもどる。また，このとき，グルカゴンの分泌は抑制されている（⇒図26）。一方，インスリンを分泌する細胞に異常がある糖尿病患者の場合[✿2]，食事によって血糖濃度が上昇してもインスリンの分泌量はほとんど増加せず，血糖濃度は上昇したままとなる。

## ② 血糖濃度調節のしくみ

■ 血糖濃度は，フィードバック調節によって保たれている。

①**低血糖の場合** 副腎髄質からアドレナリン，すい臓の
ランゲルハンス島のA細胞からグルカゴンが分泌され，
肝臓や筋肉中のグリコーゲンをグルコースに分解する。
さらに，副腎皮質からは糖質コルチコイドが分泌され
てタンパク質の糖化が促進され，血糖濃度が上がる。また，
血糖濃度の低下を感知した間脳視床下部は，交感神経や
脳下垂体前葉を介して上記のホルモン分泌を促進する。

②**高血糖の場合** すい臓のランゲルハンス島のB細胞か
らインスリンが分泌され，おもに肝臓でグルコースか
らグリコーゲンを合成する。また，血糖濃度の上昇を感知
した間脳視床下部は，副交感神経を介してインスリンの
分泌を促進する。この調節能力を超えた場合，糖尿となる。

図28. 血糖濃度調節のしくみ

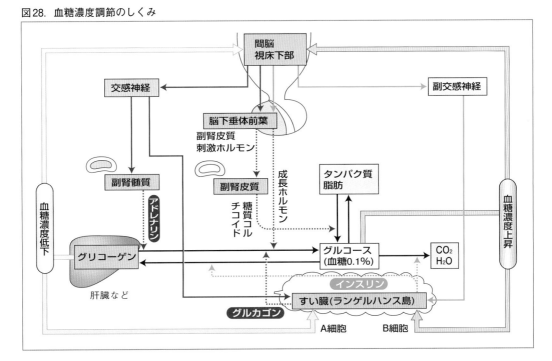

図27. すい臓のランゲルハンス島
のつくり

❄ 3. 糖尿病とそのタイプ

Ⅰ型糖尿病…インスリンを分泌す
る細胞が何らかの原因で破壊さ
れたことで，インスリンがほと
んど分泌されないために起こる。

Ⅱ型糖尿病…Ⅰ型以外の原因によ
るインスリンの分泌量の低下や
標的器官のインスリン受容体の
異常によって起こる生活習慣病
の１つ。

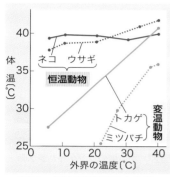

図29. 外界の温度変化と体温

## ③ 外界の温度変化と体温調節

■ **変温動物と恒温動物**　無脊椎動物や魚類・両生類・ハ虫類などは，外界の温度変化にしたがって体温が変化する。このような動物を**変温動物**という。一方，ヒトをはじめとする哺乳類や鳥類では，体温を調節し，外界の温度に関係なく体温をほぼ一定に保つことができる。このような動物を**恒温動物**という。

■ **体温調節中枢**　体温の調節中枢も**間脳の視床下部**にある。外界の温度変化に伴って血液の温度が変化したり，寒冷や暑熱刺激を皮膚で受け取ると，視床下部が感知して体温調節のしくみが働く。

## ④ 体温調節のしくみ

■ **体温調節の2つの方法**　恒温動物の体温調節は，放熱量(熱を体外に出し，体温を下げる)と発熱量(体内で熱を発生させ，体温を上げる)をうまく調節することによって行われる。

①**放熱量の調節**　汗腺や立毛筋および皮膚の毛細血管の働きを調節することによって行われる。

②**発熱量の調節**　血糖濃度を変化させ，代謝で発生する熱の量を調節したり，心拍を調節することによって行われる。

■ **外界の温度が低いときの調節**(⇒図30)　血液の温度などが下がったことを，間脳の視床下部の体温調節中枢が感知すると，交感神経を通して立毛筋や皮膚の毛細血管を収縮させて，体表からの**放熱量**を抑制する。また，筋肉や肝臓では，副腎髄質からの**アドレナリン**や副腎皮質からの**糖質コルチコイド**が働いて血糖濃度を上昇させ，甲状腺からの**チロキシン**によって血糖の代謝を促進して発熱量をふやす。さらに，筋肉をガタガタと細かく身震いさせて，筋肉からの発熱量もふやす。

外に出す熱を減らし，体内で発生する熱をふやすと，体温が上がる。

⚙ **4. 体温調節とフィードバック**
体温調節作用により，体温が上昇したり低下したりすると，それが刺激となり，フィードバックによって，上がりすぎたり下がりすぎたりしないように調節される。

⚙ **5. 鳥肌**
鳥肌とは，寒いときなどに立毛筋が収縮して体表の毛穴周辺の皮膚がもち上げられ，鳥の皮膚のようになることをいう。通常時，体毛は皮膚から斜めに出ているが，体毛の根元にある立毛筋が収縮すると，体毛が直立して毛穴が強く閉じ，鳥肌の状態になる。

寒冷刺激➡**間脳の視床下部**の体温調節中枢
➡ { 放熱の抑制…立毛筋・皮膚の毛細血管の収縮。
発熱の促進…アドレナリンや糖質コルチコイドによる血糖濃度の上昇→チロキシンによる代謝の促進。

寒冷刺激
低温の血液
皮膚
(冷点)
感覚神経
間脳視床下部
(体温調節中枢)
交感神経
脳下垂体前葉
副腎皮質
刺激ホル
モン
甲状腺刺激ホルモン
(働かない)
副腎皮質
副腎髄質
甲状腺
糖質コルチコイド
アドレナリン
タンパク質
チロキシン
フィードバック
表皮
真皮
汗腺
皮下
脂肪
グリコーゲン
グルコース
肝臓や筋肉での
代謝促進
発汗の
減少
立毛筋
の収縮
血管の
収縮
心臓の
拍動促進
放熱量減少
発熱量増加
体温上昇


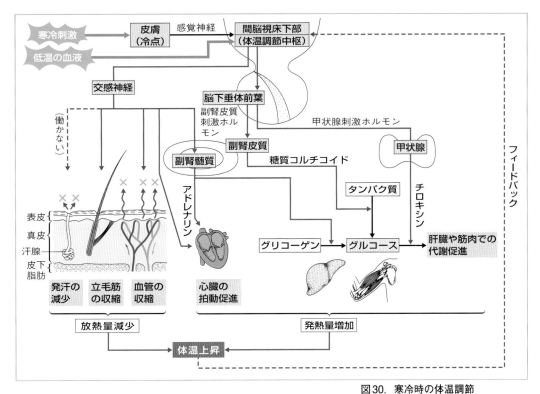

図30. 寒冷時の体温調節

## 外界の温度が高いときの調節

血液の温度が保つべき温度より高いことを間脳の視床下部の体温調節中枢が感知すると，交感神経の働きで汗腺の働きを促進して，発汗による気化熱によって**皮膚を冷やす**とともに，副交感神経を刺激して心臓の拍動(はくどう)を抑制する。また，アドレナリンや糖質コルチコイドの分泌量を減らして血糖濃度の上昇を抑制するとともに，チロキシンの分泌量を減らして代謝を抑制して**発熱量を減少させる**。

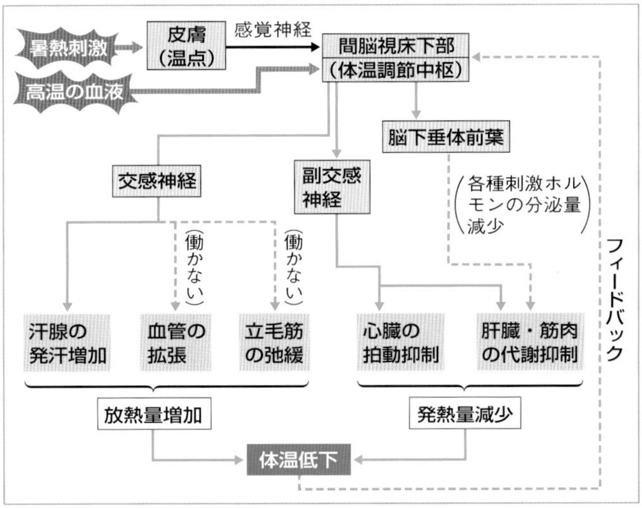

暑熱刺激
高温の血液
皮膚
(温点)
感覚神経
間脳視床下部
(体温調節中枢)
脳下垂体前葉
交感神経
副交感
神経
(各種刺激ホルモンの分泌量減少)
(働かない)
(働かない)
フィードバック
汗腺の
発汗増加
血管の
拡張
立毛筋
の弛緩
心臓の
拍動抑制
肝臓・筋肉
の代謝抑制
放熱量増加
発熱量減少
体温低下


図31. 暑熱時の体温調節

**ポイント**

暑熱刺激➡**間脳の視床下部**の体温調節中枢

➡ 放熱の促進…交感神経→汗腺の働き促進。

発熱の抑制 { 副交感神経→心拍の抑制。 / チロキシン減少→代謝の抑制。 }

# 8 腎臓の働き

腎臓は，血液中から不要な物質を取り除くとともに，血液中の水やイオンなどの量を調節する臓器である。

## 1 ヒトの腎臓のつくり

**腎臓の形と位置**　ヒトの腎臓は，ソラマメ形をしたこぶし大の大きさの器官で，腰の上の背側に左右1対ある。

**腎臓のつくり**　腎臓の内部は，皮質・髄質・腎うに分かれている。皮質には**腎単位(ネフロン)**という腎臓を構成する基本単位が無数にある(片側の腎臓に約100万個)。

♻1. 細尿管は，腎細管とも呼ばれる。

♻2. 半透膜 **発展**
溶媒や一部の溶質は通すが，ほかの粒子は通さない性質をもつ膜を半透膜という。

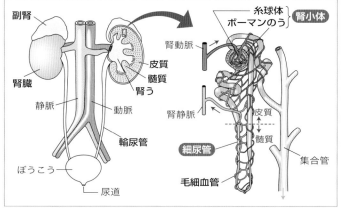

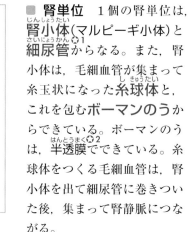

図32. ヒトの腎臓のつくり

**腎単位**　1個の腎単位は，**腎小体(マルピーギ小体)**♻1と**細尿管**からなる。また，腎小体は，毛細血管が集まって糸玉状になった**糸球体**と，これを包む**ボーマンのう**からできている。ボーマンのうは，半透膜♻2でできている。糸球体をつくる毛細血管は，腎小体を出て細尿管に巻きついた後，集まって腎静脈につながる。

図33. 腎臓での尿の生成

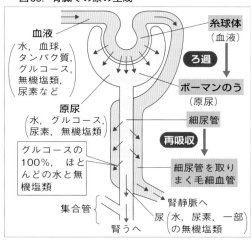

## 2 尿のつくられ方

腎臓では，次のように尿がつくられる。

①**ろ過**　腎動脈から腎臓へと送り込まれる血液の量は，1日に約1500Lであるが，その血液中の血球やタンパク質を除く液体成分の約10%が，糸球体からボーマンのうへと**ろ過**されて**原尿**となる(原尿は1日に約150Lできる)。原尿中には，水，グルコース，無機塩類，尿素などが含まれている。

(注)腎臓の機能が正常な場合は，原尿にはタンパク質や血球は含まれない。

②**再吸収**　原尿が細尿管を流れる間に，細尿管のまわりを
取りまく毛細血管に，**すべてのグルコース**，大部分の水
と無機塩類などが**再吸収**されて，原尿は濃縮され，**尿**
となる。

（注1）　水の再吸収は，脳下垂体後葉(のうかすいたいこうよう)から分泌(ぶんぴ)されるバソ
プレシンというホルモン（⇨**p.66，67**）によって促進される。

（注2）　$Na^+$（ナトリウムイオン）の再吸収は，副腎皮質(ふくじん)
から分泌される鉱質コルチコイドというホルモン（⇨
**p.66，67**）によって促進される。

■　**尿**　尿は1日約1.5Lつくられる。
その中には，水と尿素，無機塩類の
一部が含まれている。尿は，集合管
→腎う→輸尿管→ぼうこう→尿道を
通って体外に排出される。

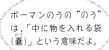
ボーマンのうの"のう"
は，「中に物を入れる袋(のう)
(嚢)」という意味だよ。

**ポイント**
〔腎臓での尿の生成〕
① 糸球体―（ろ過）→
　ボーマンのう…血液⇨原尿
② 細尿管―（再吸収）→
　腎う…原尿⇨尿

| 成分 | 血しょう $a$〔%〕 | 原尿〔%〕 | 尿 $b$〔%〕 | 濃縮率 ($b÷a$) |
|---|---|---|---|---|
| 水 | 90～93 | 99 | 95 | — |
| タンパク質 | 7.2 | 0 | 0 | 0 |
| グルコース | 0.1 | 0.1 | 0 | 0 |
| 尿素 | 0.03 | 0.03 | 2 | 67 |
| 尿酸 | 0.004 | 0.004 | 0.05 | 13 |
| クレアチニン | 0.001 | 0.001 | 0.075 | 75 |
| $Na^+$ | 0.3 | 0.3 | 0.35 | 1 |
| $Cl^-$ | 0.37 | 0.37 | 0.6 | 2 |
| $K^+$ | 0.02 | 0.02 | 0.15 | 8 |
| $Ca^{2+}$ | 0.008 | 0.008 | 0.015 | 2 |
| $NH_4^+$ | 0.001 | 0.001 | 0.04 | 40 |
| $SO_4^{2-}$ | 0.003 | 0.003 | 0.18 | 60 |

表4. ヒトの血液（血しょう），原尿，尿の成分

■　**濃縮率**　ある物質の尿中の濃度
を血しょう中の濃度で割ったもの
を**濃縮率**という。

$$濃縮率 = \frac{尿中の濃度}{血しょう中の濃度}$$

■　**腎機能障害**　タンパク質は，健常者では糸球体から
ボーマンのうにろ過されないため，原尿中や尿中の量は0
となる。したがって，尿からタンパク質が検出される場合
には，腎臓の機能障害が疑われる。

■　**糖尿病**　グルコースは，糸球体からボーマンのうにろ
過されるが，健常者では細尿管へ100%再吸収されるた
め，尿中に排出されることはない。しかし，血液中のグル
コース濃度が高すぎると，再吸収しきれずに尿中に排出さ
れて**糖尿**となる。

■　**体液濃度の調節と腎臓・肝臓の役割**　腎臓は水やイ
オンなどのろ過や再吸収を調節して，体液中の濃度をきめ
細かに調節している。一方，肝臓は**タンパク質**や**糖類**など
を**合成・分解**することで，血中の濃度を調節している。

♻ **3. 濃縮率**
濃縮率を調べるために，ゴボウな
どの植物がつくる多糖類である**イ
ヌリン**が用いられる。イヌリンを
静脈に注射すると，糸球体から
ボーマンのうにろ過されるが，細
尿管から毛細血管へ再吸収される
ことなく尿中にすべて排出される。
そのためイヌリンの濃縮率から原
尿の量や，ほかの物質が再吸収さ
れているかどうかなどを調べるこ
とができる。イヌリンの血しょう
中の濃度を0.1%とすると，およ
そ次のようになる。

| | イヌリン濃度 |
|---|---|
| 血しょう中 | 0.1% |
| 原尿中 | 0.1% |
| 尿中 | 12% |

$$濃縮率 = \frac{12}{0.1} = 120$$

# 9 肝臓の働き

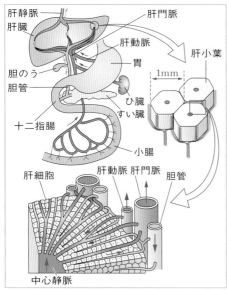

図34. 肝臓の構造

肝臓は動物体の化学工場で，いろいろな化学反応を通じて血液中の物質の濃度を調節している。

## 1 肝臓のつくり

**肝臓の基本単位** ヒトの肝臓は，人体最大の臓器で1.2〜2.0kgの重量があり，**肝小葉**と呼ばれる直径1mm程度の基本単位からなる。肝小葉は約50万個の**肝細胞**が集まってできている。

**肝門脈** 小腸などの消化管とひ臓から出た血液は，**肝門脈**を通って肝臓に流れ込む。肝臓では体液の状態に応じていろいろな化学反応を行い，血液中に流れるグルコースやタンパク質の量などを調節し，体内環境を維持している。

## 2 肝臓のおもな働き

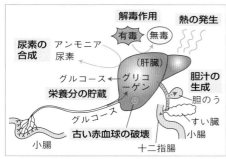

図35. 肝臓のいろいろな働き

肝臓には，おもに次の7つの働きがある。

①**栄養分の貯蔵と代謝** 血液中のグルコースを**グリコーゲン**に合成して貯蔵する。また，アミノ酸や脂肪の代謝に働く。

②**胆汁の生成** 脂肪の乳化(脂肪を水中に分散しやすくする作用)に働く**胆汁**を合成する。胆汁は胆のうで濃縮され，十二指腸に分泌される。

③**赤血球の破壊** 古くなった赤血球を破壊する。赤血球中の**ヘモグロビン**は分解されてビリルビン(黄色の色素)ができ，胆汁中に排出される。

④**尿素の合成** タンパク質やアミノ酸の代謝でできた**アンモニア**を，毒性の少ない尿素に変える。

⑤**解毒作用** アルコールなどの有害物質を分解する。

⑥**血液の貯蔵** 心臓から出た血液の$\frac{1}{5}$が肝臓に流入するのを利用して，血液の循環量を調節する。

⑦**体温の発生** 筋肉に次いで，2番目に熱を発生する。

 肝臓の働き：栄養分と血液の貯蔵，胆汁の生成，赤血球の破壊，尿素の合成，解毒，体温の発生

## 重要実験　魚類の血流と血球の観察

ギムザ液は3種類の染色液の混合液で，血球を染め分けることができるよ。

### 方法

[実験1]　魚類の血流の観察

**1**　メダカやキンギョなどの小形の魚類のからだを，尾の端の部分だけが出るようにしてぬれたガーゼで包む。

**2**　これをスライドガラスの上に置き，ガーゼからはみ出た尾の先の部分を，実体顕微鏡を使って60倍程度の低倍率で観察する。毛細血管を流れる血流が観察できたら，血流の流れの向きも調べる。

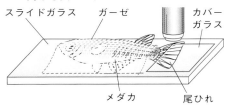

スライドガラス　ガーゼ　カバーガラス

メダカ　尾ひれ

[実験2]　魚類の血球の観察

**1**　小型の注射器に0.4%食塩水(0.1%クエン酸ナトリウムを加えたもの)を$\frac{1}{5}$量入れ，先が細い針をつける。

**2**　腹部のえらぶたの合わさった部分に魚類の心臓があるので，鼓動のある部分を確認して注射器を刺し，注射器のピストンを引いて採血する。

**3**　**2**の血液をスライドガラスに数滴のせてギムザ液で染色して(メタノールで固定してからギムザ液で15〜30分間染色し，余分なギムザ液を洗い落として，乾燥させて)から，検鏡する。

**4**　マイクロメーターを使って，血球の大きさを測定する。

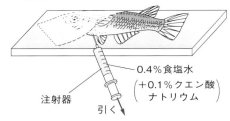

0.4%食塩水
(+0.1%クエン酸
ナトリウム)

注射器　引く

### 結果

[実験1]　●尾の先に向かって流れる血流が見られる毛細血管と，尾の先からもどってくる血流が見られる毛細血管が観察された。

[実験2]　●楕円形で赤色をした有核の赤血球が観察された。赤血球の大きさは約10〜15 μm であった。

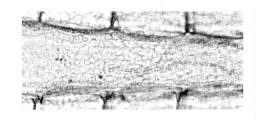

### 考察

**1**　観察の結果から，魚類の循環系は開放血管系と閉鎖血管系のどちらであるとわかったか。 → 尾の先端に向かう毛細血流と，もどる血流の毛細血管があり，閉鎖血管系と考えられる。

**2**　魚の頭を左に向けて顕微鏡で観察したとき，右から左に向かって血液が流れて見えるのは，動脈か，静脈か。 → 顕微鏡では上下左右が反対に見えるので，実際には左(頭の側)から右(尾の側)に流れる血液で，動脈である。

**3**　魚類の赤血球とヒトの赤血球の相違点はあったか。 → ヒトの赤血球は円盤状の無核で直径約8 μm，魚類の赤血球はだ円状の有核でより大形である。

1 ☐ 外界の変化に対して体内の変化をより少なく保とうとするしくみを何という？

2 ☐ 体外環境に対して，多細胞生物の体液がつくる環境を何という？

3 ☐ 脊椎動物の体液を3つに大別すると，何と何と何か？

4 ☐ 血液の液体成分を何という？

5 ☐ ヒトの心臓には，心房と心室がそれぞれいくつあるか？

6 ☐ 肺で酸素を受け取った後の酸素含有量の多い鮮紅色の血液を何という？

7 ☐ 赤血球の成分で酸素の運搬に関係するタンパク質は何か？

8 ☐ 自律神経系のうち，興奮したり緊張したりしたときに働く神経を何という？

9 ☐ 自律神経系のうち，胃腸の働きを促進し，心臓の拍動を抑制する神経を何という？

10 ☐ 動物のホルモンをつくる器官を何という？

11 ☐ ホルモンの作用を受ける器官にある，特定のホルモンの受容体をもつ細胞を何という？

12 ☐ 脳下垂体後葉から放出され，腎臓での水の再吸収を促進するホルモンは何か？

13 ☐ 血液中のチロキシン濃度が低くなると，脳下垂体から放出されるホルモンは何か？

14 ☐ 健常者の血糖濃度は，およそ何％か？

15 ☐ 副腎髄質から分泌されるホルモンで，血糖濃度を上げるホルモンは何か？

16 ☐ すい臓から分泌されるホルモンで，血糖濃度を下げるホルモンは何か？

17 ☐ 低血糖のときに，血糖濃度を上げるために働く自律神経は何という神経か？

18 ☐ 血糖濃度を下げるしくみがうまく働かず，尿中にグルコースが排出される病気は何か？

19 ☐ ヒトが寒冷刺激を受けたとき，立毛筋は収縮するか，弛緩するか？

20 ☐ ヒトの腎臓を構成する基本単位を何という？

21 ☐ 腎小体の内部で，ボーマンのうへろ過された液体を何という？

22 ☐ 約50万個の肝細胞が集まってできた，肝臓の基本単位を何という？

23 ☐ 小腸などの消化管やひ臓から出た血液は，何という血管を通って肝臓に流れ込むか？

### 解答

1. 恒常性
   [ホメオスタシス]
2. 体内環境［内部環境］
3. 血液, 組織液, リンパ液
4. 血しょう
5. 心房：2つ,
   心室：2つ

6. 動脈血
7. ヘモグロビン
8. 交感神経
9. 副交感神経
10. 内分泌腺
11. 標的細胞
12. バソプレシン

13. 甲状腺刺激ホルモン
14. 0.1％
15. アドレナリン
16. インスリン
17. 交感神経
18. 糖尿病
19. 収縮する。

20. 腎単位[ネフロン]
21. 原尿
22. 肝小葉
23. 肝門脈

# 定期テスト予想問題 解答→ p.133

## 1 体液

ヒトの体液について，各問いに答えよ。

(1) 次の体液の名称をそれぞれ答えよ。

① 血管内を流れる体液

② リンパ管内を流れる体液

③ 組織の細胞の間を満たしている体液

(2) 体液がつくる環境を何というか。

(3) 体液の濃度や温度などを一定に保とうとするしくみを何というか。

## 2 体内での情報伝達

ヒトのからだにおいて，中枢から各器官へ情報を伝達する経路について，各問いに答えよ。

(1) 中枢からからだの各器官へと情報を送る神経系は何か。

(2) 中枢から末しょうへと血流によって運ばれ，情報を伝える物質は何か。

(3) (2)の物質を分泌する器官を何というか。

## 3 血液の成分

次の①～④の文は，ヒトの血液成分について説明したものである。各問いに答えよ。

① 体内に入った細菌などを食作用で捕食するなどして，からだを防衛する。

② 直径約 $7.5\,\mu\mathrm{m}$ の核のない細胞で，ヘモグロビンを含み，酸素の運搬に働く。

③ 毛細血管からしみ出して組織液となり，一部はリンパ管に吸収されリンパ液となる。

④ 出血時に，ある因子を放出して血液を凝固させる働きをもつ。

(1) ①～④の説明に該当する血液成分として適当なものを，次のア～エからそれぞれ選べ。

ア 赤血球　　イ 白血球

ウ 血小板　　エ 血しょう

(2) ①～④で説明した血液成分について，血液 $1\,\mathrm{mm}^3$ 中の数として適当なものを，次の

a～dからそれぞれ選べ。ただし，液体成分であるものについてはeを選べ。

a 4000～8500個　　b 5万～6万個

c 20万～40万個　　d 450万～500万個

e －

## 4 ヒトの心臓

右の図は，ヒトの心臓のつくりを示したものである。各問いに答えよ。

(1) 図中のa～dの部分の名称をそれぞれ答えよ。

(2) 図中のaが収縮したときに起こることを，次のア～エからすべて選べ。

ア aに血液が入る。

イ aから血液が送り出される。

ウ bに血液が入る。

エ bから血液が送り出される。

(3) 全身に血液を送り出す部分を，図中のa～dから選べ。

(4) 心臓の拍動のリズムを自動的につくっている図中のAの部分の名称を答えよ。

## 5 中枢神経系の構造とおもな働き

ヒトの中枢神経系について，各問いに答えよ。

(1) ヒトの脳の各部分のうち，筋肉運動の調節やからだの平衡を保つ中枢はどの部分か。

(2) ヒトの脳の各部分のうち，脳幹に含まれる部分を次のa～eからすべて選べ。

a 大脳　　b 間脳　　c 中脳

d 延髄　　e 小脳

(3) 脳が損傷を受けて，大脳の働きは停止しているが，脳幹の働きが残っている状態を何というか。

(4) 脳が損傷を受けて，大脳および脳幹の働きが失われた状態を何というか。

1章 個体の恒常性の維持　　79

## ⑥ 自律神経系

右の図は、自律神経系を模式的に示したものである。各問いに答えよ。

(1) 図中の実線と破線で示した神経の名称をそれぞれ答えよ。

(2) **発展** (1)のそれぞれの神経の末端から分泌される伝達物質の名称を答えよ。

(3) 自律神経系の中枢は、脳のどの部分か。

(4) 交感神経は、中枢神経系のどの部分から出ているか。

(5) 次の①〜⑥のうち、交感神経の働きによるものをすべて選べ。
① 心臓の拍動の促進
② 瞳孔の拡大
③ 胆汁の分泌の促進
④ 立毛筋の収縮
⑤ だ液の分泌促進
⑥ 気管支の拡張

図中ラベル: だ腺／心臓／気管支／胃／腸／直腸／ぼうこう

## ⑦ 内分泌腺とホルモン

右の図は、ヒトのおもな内分泌腺を示したものである。各問いに答えよ。

(1) 図中のa〜gの内分泌腺の名称を、それぞれ答えよ。

(2) 次の①〜⑦の働きをもつホルモンの名称を、それぞれ答えよ。また、それぞれのホルモンを分泌する内分泌腺を、図中のa〜gから選べ。
① 腎臓の水の再吸収促進
② 腎臓の細尿管での$Na^+$の再吸収促進
③ 血液中の$Ca^{2+}$の濃度の増加
④ 代謝(異化)の促進
⑤ 筋肉や骨の成長・タンパク質合成の促進
⑥ グリコーゲンの合成促進
⑦ タンパク質の糖化促進

## ⑧ ホルモン分泌の調節

右の図は、あるホルモンYの分泌量調節のしくみを示したものである。各問いに答えよ。

(1) 図中の内分泌腺XとホルモンYの名称をそれぞれ答えよ。

(2) 図中のAは、ホルモンYの血液中の濃度が低くなった場合の調節、Bは高くなった場合の調節を示している。①〜③のホルモンの名称をそれぞれ答えよ。

(3) ホルモンYの血液中の濃度が高くなったとき、③の分泌量はどのようになるか。

(4) 血液中のホルモンの濃度を調節するこのようなしくみを何と呼ぶか。

図中: 間脳の視床下部 → ① ② → 脳下垂体前葉 → ③ → 内分泌腺X → ホルモンY（A, B）→ 代謝促進

## ⑨ 血糖濃度調節のしくみ

次の図は、血糖濃度調節のしくみを示したものである。各問いに答えよ。

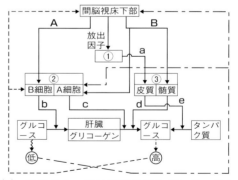

(1) 図中のA、Bは神経を示している。それぞれの神経の名称を答えよ。

(2) ①〜③は内分泌腺を示している。それぞれの内分泌腺の名称を答えよ。

(3) a〜eはホルモンを示している。それぞれのホルモンの名称を答えよ。

## ⑩ 体温調節

次の図は，ヒトが寒冷刺激を受けたときの体温調節のしくみを示したものである。各問いに答えよ。

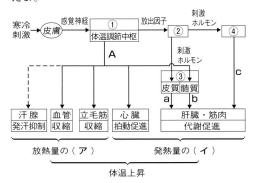

(1) 図中の神経Aの名称を答えよ。
(2) 図中の①〜④の内分泌腺の名称をそれぞれ答えよ。
(3) 図中のa〜cのホルモンの名称をそれぞれ答えよ。
(4) 図中のア，イにそれぞれ適当な2字の漢字を記入せよ。
(5) 図に示した以外の発熱法を1つ答えよ。

## ⑪ 腎臓の構造と機能

次の図は，ヒトの腎臓の単位を模式的に表したものである。各問いに答えよ。

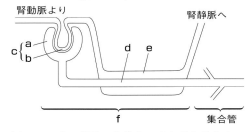

(1) a〜fの部分の名称を，それぞれ答えよ。
(2) 血液中の成分のろ過は，どこで行われるか。a〜fの記号で，a→eのように示せ。

(3) 原尿からの再吸収は，どこで行われるか。(2)と同様に示せ。
(4) 次の表は，ヒトの血しょう，原尿（げんにょう），尿の成分（単位はmg/mL）を示したものである。表中のイヌリンは，再吸収されない多糖類である。

| 成分 | 血しょう | 原尿 | 尿 |
|---|---|---|---|
| X | 80 | 0 | 0 |
| Y | 1 | 1 | 0 |
| 尿素 | 0.3 | 0.3 | 20 |
| イヌリン | 1 | 1 | 120 |

① 物質X，Yの名称を，それぞれ答えよ。
② 物質X，Yが尿中には存在しない理由を，それぞれ説明せよ。
③ 尿素の濃縮率を求めよ。ただし，濃縮率は，尿中の濃度÷血しょう中の濃度で示される。
④ 10 mLの尿がつくられたとき，ろ過された血しょうは何mLか。
⑤ ④のとき，腎臓で再吸収された尿素の量は何mgか。

## ⑫ 肝臓の働き

肝臓の構造と働きに関する次の各問いに答えよ。
(1) 肝臓を構成する単位は何か。
(2) (1)の単位をつくる細胞を何というか。
(3) 次の①〜⑧のうち，肝臓の働きでないものをすべて選べ。
① 尿素（にょうそ）の生成
② 血液の貯蔵と血液の循環量の調節
③ ATPの合成
④ 解毒（げどく）作用
⑤ グリコーゲンの合成と分解
⑥ 尿の生成
⑦ 血液中の塩類濃度の調節
⑧ 体温の発生
(4) 赤血球の成分を肝臓やひ臓で分解したとき生成する黄色の色素は何か。
(5) (4)が成分となってできる，消化に関与する液は何か。

# 2章 体内環境の調節と免疫

## 1 免疫の働きと自然免疫

### 1 免疫の区分

■ **免疫** 私たちのからだには，細菌やウイルスなどのさまざまな病原体や有害物質(非自己物質)の侵入を阻止するしくみや，いったん侵入したこれらの異物をからだから排除するしくみが備わっている。このような，生物のからだを守っているしくみを**免疫**という。

■ **免疫の3つの段階**

①**第1の段階** 体内への異物の侵入を防ぐ物理的・化学的防御である。

②**第2の段階** 体内に侵入した異物を，食細胞が行う**食作用**(⇒p.84)により排除する。この物理的・化学的防御と食作用などをまとめて，**自然免疫**という。

③**第3の段階** 自然免疫では排除しきれなった異物に対して特異的に認識して作用する**適応免疫(獲得免疫)**である。

✿1. 自然免疫に物理的・化学的防御を含めない場合もある。

### 2 物理的・化学的防御

■ **皮膚** ヒトの皮膚の表皮には，死んだ細胞が層状になった**角質層**がありウイルスの侵入を阻止している。また，皮膚の表面は汗腺や皮脂腺からの分泌物で弱酸性に保たれており，細菌の繁殖を抑制している。

■ **粘膜** 鼻，口，気管，消化管の内壁は，**粘膜**と呼ばれる細胞の層となっている。粘膜が分泌する粘性の高い粘液は病原体が細胞に付着するのを防ぐ。また，粘膜に包まれた異物は，せき・くしゃみ・たんとして排出される。

図1. 物理的防御と化学的防御

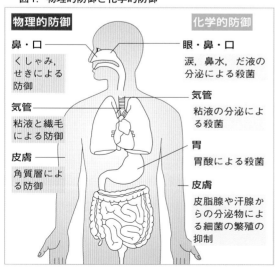

**物理的防御**

鼻・口
くしゃみ，せきによる防御

気管
粘液と繊毛による防御

皮膚
角質層による防御

**化学的防御**

眼・鼻・口
涙，鼻水，だ液の分泌による殺菌

気管
粘液の分泌による殺菌

胃
胃酸による殺菌

皮膚
皮脂腺や汗腺からの分泌物による細菌の繁殖の抑制

■ **細菌を破壊する物質** 皮膚や粘膜の分泌物には**ディフェンシン**と呼ばれるタンパク質が含まれており，細菌の細胞膜を破壊する。また，涙や鼻水やだ液に含まれる酵素の**リゾチーム**は細菌の細胞壁を破壊する。

## ③ 免疫にかかわる細胞・器官

■ **免疫にかかわる器官** 免疫にかかわる組織・器官には，骨髄，胸腺，リンパ節（図3），ひ臓などがあり，これらの組織・器官には免疫にかかわる細胞が数多く存在する。このうち，リンパ節やひ臓は獲得免疫が起こる場である。

■ **リンパ管** リンパ管は全身の組織のすみずみまで張りめぐらされており，その途中に多くのリンパ節が存在する。組織液がリンパ管に移行する際に，組織に侵入していた病原体の一部もリンパ管を経由してリンパ節に集められ，そこで免疫反応が起こる。

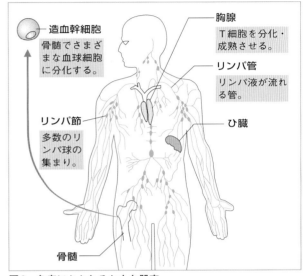

図2. 免疫にかかわるおもな器官

■ **ひ臓** ひ臓は血管が多く分布する器官であり，血液に侵入した病原体に対する免疫反応（リンパ球や食細胞による異物の除去など）はおもにひ臓で起こる。

■ **免疫にかかわる細胞** 免疫では白血球が重要な役割をしている。白血球には，**好中球，マクロファージ**[※2]，**樹状細胞**などの特徴的な形をした細胞や，**B細胞，T細胞，NK細胞**などのリンパ球がある。病原体などの異物に対応するこれらの細胞を総称して免疫担当細胞という。免疫担当細胞はすべて骨髄の造血幹細胞から分化し，体内のさまざまな場所で働く。

図3. リンパ節
リンパ管の各所には膨らんだリンパ節が数百個存在する。
リンパ節にはリンパ球が集まっており，リンパ球の働きで病原体がリンパ液中から取り除かれる。

✿2. マクロファージ
マクロファージは大形の食細胞で，血液中では単球として存在する。単球は異物が侵入した組織に移動して，マクロファージに分化する。

免疫にかかわる組織・器官…骨髄，胸腺，リンパ節ひ臓など
免疫にかかわる細胞…好中球，マクロファージ，樹状細胞，B細胞，T細胞，NK細胞など

# 4 自然免疫における細胞の働き

■ **食作用** 白血球のうち好中球，マクロファージ，樹状細胞などは，物理的・化学的防御を通り抜けて体内に侵入した病原体を取り込んで分解する働きがあり，この働きを**食作用**という。また，食作用を行う白血球を**食細胞**という。

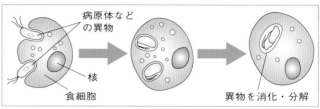

図4. 食作用

■ **炎症** 病原体が侵入したり，組織が損傷した場合に，局部が赤みを帯びる，膨れる，熱を帯びる，かゆみや痛みを感じるといった症状が起こることを**炎症**という。炎症は腫れや痛みを伴う不快な症状であるが，食作用を活性化させて組織の修復を促進させる効果がある。

■ **炎症のしくみ** 異物の侵入や，外傷などの障害が起こると，マクロファージが血流を増加させる物質を出すため熱がこもる。このとき，毛細血管の血管壁が拡張し，血管壁の透過性が高まることで血管から組織へ血しょうがしみ出し，組織に腫れが生じる。このように炎症が生じた組織では，好中球やマクロファージが集まり，食作用により異物を排除する。

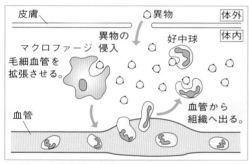

図5. 炎症と自然免疫

■ **NK細胞** リンパ球の一種である**NK細胞(ナチュラルキラー細胞)**は自然免疫において，がん細胞やウイルスに感染した細胞や移植された他人の細胞などがもつ特徴を認識して，異常な細胞そのものを直接攻撃して排除する細胞である。

免疫は次の3つの段階からなる。
① 体内への異物の侵入を防ぐ物理的・化学的防御
② 体内に侵入した異物を排除する食作用
③ 異物を特異的に認識する適応免疫
炎症により異物が侵入した組織に食細胞が集まる。

# 2 血液の凝固

■ 破れた血管から出た血液は直ちに凝固（ぎょうこ）する。血液はどのようなしくみで凝固するのか？

## 1 血液の凝固

■ **血液の凝固** 血管が傷ついて出血すると，傷が小さい場合には，血液が凝固して出血が止まり，からだを守る。☆1
■ **血液凝固のしくみ** 血液凝固は次のようにして起こる。☆2
① 出血すると，血小板は血液凝固因子を放出する。また，傷ついた組織も凝固に関係する因子を放出する。
② **発展** これらの因子と $Ca^{2+}$ などが，血しょう中のプロトロンビン☆2 を **トロンビン**（酵素）に変える。
③ **発展** トロンビンは血しょう中のフィブリノーゲン☆2 を繊維状の **フィブリン** に変化させる。
④ フィブリンが集まった繊維に血球がからんで **血餅**（けっぺい）となり，傷口をふさぐ。
⑤ 血管の傷が血餅によってふさがれている間に，血管は修復される。修復が完了すると，**線溶（フィブリン溶解）** というしくみが働き，血餅が溶かされて取り除かれる。

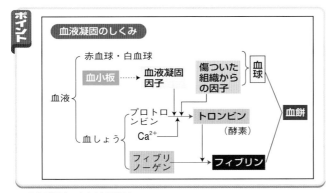

**ポイント**
**血液凝固のしくみ**

■ **脳梗塞**（のうこうそく）**・心筋梗塞**（しんきんこうそく） 血餅は，コレステロールがたまって血管の内壁が傷ついたときにもできる。このとき，線溶（フィブリン溶解）が働かないと，血管内に **血栓**（けっせん）ができて血管がつまり，血液循環が悪くなる。これが脳で起こると脳梗塞，心臓に栄養や酸素を送る血管で起こると心筋梗塞となる。

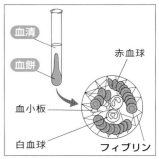

**図6. 血液の凝固**
血液を試験管にとって静かに置いておくと，血液凝固が起こり，赤褐色のべっとりとした固まり（血餅）とうす黄色の液（血清）に分離する。

☆1. 血液凝固の防止法
①クエン酸ナトリウムを加える ➡ $Ca^{2+}$ の除去。
②低温に保つ ➡ 酵素作用の抑制（よくせい）。
③ヘパリンを加える ➡ トロンビンの合成を妨げる。
④ガラス棒でかきまぜる ➡ フィブリンの除去。

☆2. プロトロンビンとフィブリノーゲンは，どちらもタンパク質である。

# 3 適応免疫(獲得免疫)

■ 自然免疫で排除しきれなかった異物に対して働く適応免疫(獲得免疫)では，どのように異物を認識し，排除するのだろうか。

## 1 適応免疫の種類

■ **抗原** 獲得免疫では，T細胞やB細胞などのリンパ球が，ウイルスや細菌や毒素などを特異的に認識して排除する。適応免疫の攻撃の対象となるさまざまな異物を総称して**抗原**と呼ぶ。

■ **適応免疫の種類** 適応免疫は，T細胞が感染細胞を直接攻撃する**細胞性免疫**と，B細胞から分化した形質細胞(抗体産生細胞)が産生した**抗体**[2]と呼ばれるタンパク質によって異物を排除する**体液性免疫**に分けられる。

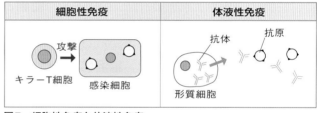

| 細胞性免疫 | 体液性免疫 |
|---|---|
| 攻撃 → キラーT細胞 感染細胞 | 抗体 抗原 形質細胞 |

図7. 細胞性免疫と体液性免疫

## 2 リンパ球と抗原の認識

■ **リンパ球の多様性** リンパ球は1種類の抗原しか認識できないが，体内に侵入する抗原の種類は多様である。このため，認識する抗原の異なる多数の細胞をつくることで，多様な抗原に対応できる。侵入した抗原を認識できるT細胞やB細胞は異物を認識すると活性化され増殖し，異物の排除を促進する。

■ **免疫寛容** 多様なリンパ球がつくられる過程では，自分自身の物質を認識する細胞もつくられる。しかし，このようなリンパ球が働くと自分自身の細胞や組織を傷つけてしまう。そこで，**自分自身に働くリンパ球は成熟する過程で排除される。この自分自身に獲得免疫が働かない状態を免疫寛容**という。

---

◆1. キラーT細胞やNK細胞は細胞死を起こさせる物質を放出することで感染細胞やがん細胞などを排除する。

◆2. **抗体の構造** 発展
抗体は免疫グロブリンと呼ばれるY字形のタンパク質で，定常部と結合する抗原によって異なる可変部がある。1つの抗体は特定の1種類の抗原と特異的に結合する。

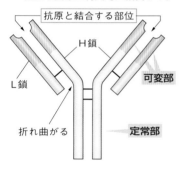

抗原と結合する部位
H鎖
L鎖
可変部
折れ曲がる
定常部

■ **抗原提示**　樹状細胞は抗原を取り込んで断片化し，リンパ節に移動する。そして，抗原の断片を細胞の表面に出しキラーT細胞とヘルパーT細胞に提示する。これを**抗原提示**[3]という。抗原の情報を受け取ったヘルパーT細胞やキラーT細胞は活性化して増殖し，適応免疫に働く。

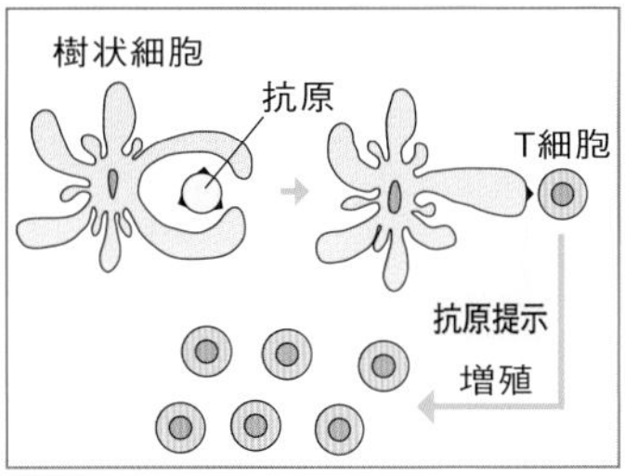

図8.　抗原提示

[3]. 抗原提示を行う細胞は，樹状細胞やマクロファージ，B細胞である。

**ポイント**
抗原…適応免疫の対象となる異物
適応免疫…細胞性免疫と体液性免疫
免疫寛容…自己成分に免疫が作用しないこと

## ③ 細胞性免疫

### ■ 細胞性免疫のしくみ

① 体内に侵入した抗原が樹状細胞に取り込まれると，樹状細胞は抗原を断片化し，リンパ節に移動する。

② リンパ節では，樹状細胞は抗原の断片を，ヘルパーT細胞とキラーT細胞に抗原提示する。

③ 抗原の情報を受け取ったヘルパーT細胞は増殖し，同じ抗原提示を受けたキラーT細胞を活性化する[4]。

④ 活性化し増殖したキラーT細胞は血管やリンパ管を通り，感染部位に移動し，感染細胞を攻撃し，破壊する。

⑤ ヘルパーT細胞も感染部位に移動し，マクロファージを活性化する。

⑥ 活性化したマクロファージは，キラーT細胞によって破壊された感染細胞を食作用により排除する。

[4]. **サイトカイン** 発展
増殖したヘルパーT細胞は，サイトカインという化学物質を分泌し，この物質からの刺激によって，キラーT細胞は増殖する。

参考 **拒絶反応**
他人の臓器を移植した際，移植部位が脱落する現象を拒絶反応という。拒絶反応はキラーT細胞が移植部位の細胞を異物として認識し，攻撃して排除するために起こる。

図9.　細胞性免疫

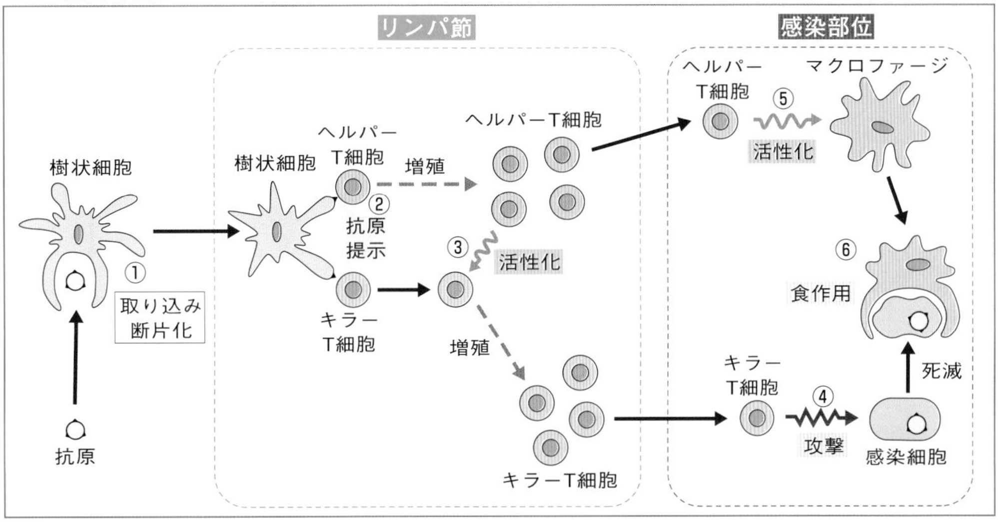

## ④ 体液性免疫

### ■ 体液性免疫のしくみ

① 体内に侵入した抗原が樹状細胞に取り込まれると，樹状細胞は取り込んだ抗原を断片化し，リンパ節に移動する。

② リンパ節において，樹状細胞が抗原の断片をヘルパーT細胞に提示（**抗原提示**）すると，ヘルパーT細胞は活性化し，増殖する。

③ 活性化したヘルパーT細胞は，同じ抗原を取り込んで認識し，抗原提示を行うB細胞の増殖・分化を促す。

④ 増殖したB細胞は，**形質細胞（抗体産生細胞）**へと分化し，1種類の抗体を大量に産生する。

⑤ 抗体は体液により感染部位に運ばれ，抗体が抗原と特異的に結合する**抗原抗体反応**が起こる。

⑥ ヘルパーT細胞も同じく感染部位に移動し，マクロファージを活性化する。

⑦ 活性化したマクロファージは，抗原抗体反応によって形成された抗原と抗体の複合体を食作用により排除する。

図10. 体液性免疫のしくみ

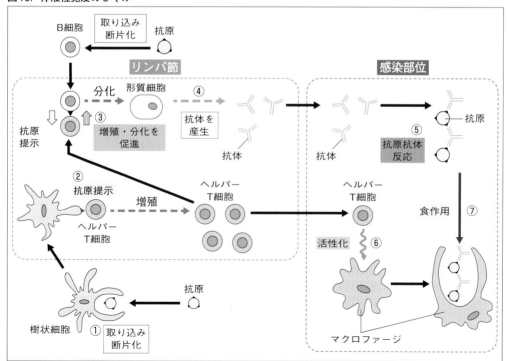

■ **抗原抗体反応**　体液性免疫において産生された抗体は，抗原と特異的に結合し，**抗原抗体複合体**を形成する。この反応を**抗原抗体反応**と呼ぶ。

■ **記憶細胞の形成**　細胞性免疫において，リンパ節内で増殖したヘルパーT細胞とキラーT細胞の一部，体液性免疫において，リンパ節内で増殖したヘルパーT細胞，B細胞は**記憶細胞**となり，次回の同じ抗原の侵入に備える。

〔体液性免疫の流れ〕
抗原→樹状細胞が食作用で分解→**抗原提示**→ヘルパーT細胞による働きかけ→B細胞→**形質細胞に変化**→**抗体を放出**→**抗原抗体反応**→マクロファージが食作用で排除

# ⑤ 二次応答

■ **体液性免疫の二次応答**　ある病原体が初めて感染したときの免疫応答を**一次応答**，2回目以降に同じ病原体に感染したときの応答を**二次応答**という。二次応答では記憶細胞が存在するため，すみやかに大量の抗体が産生される（図11）。

■ **細胞性免疫の二次応答**　臓器移植時の拒絶反応において，一度，拒絶反応を示した個体に同様の移植をくり返すと，移植片は初回の移植時よりも早く脱落する。これは，初回の移植時に形成された記憶細胞によって二次応答が起こったためである。

■ **移植組織の識別実験**
① B系統のネズミにA系統の皮膚を移植すると，約10日で移植皮膚は脱落する（一次応答）。
② ①のマウスに再度A系統の皮膚を移植すると，移植片は約5日で脱落する（二次応答）。
③ ①のマウスにC系統のマウスから皮膚を移植した場合，脱落するのは約10日後である。
➡ 異なる系統のマウスを移植すると，拒絶反応が起こる。また，一度拒絶反応が起こったマウスに再移植を行うと，二次応答が働いて移植片は早く脱落する。

〔免疫の二次応答〕
一次応答に比べて速く強い反応が起こる。

○ **5. 抗原抗体反応**

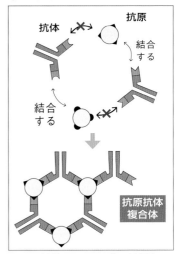

1つの抗体には2つずつ抗原と結合する部位がある。このため，抗原抗体反応では，抗原と抗体が次々と結合する。

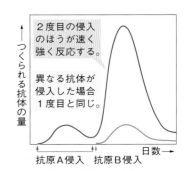

図11. 抗体の産生量の変化

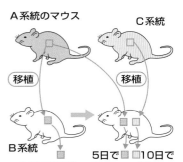

図12. 移植組織に対する一次応答と二次応答

## 1 免疫の異常反応

■ 免疫のしくみに異常が生じると，病原体以外の物質に対する免疫反応が起こり，自己免疫疾患やアレルギーが引き起こされる。

■ **自己免疫疾患**　免疫細胞が，自分自身の正常な細胞や組織に対して反応し，攻撃してしまうことを**自己免疫疾患**という。代表的な疾患の例と免疫反応の標的となる細胞をまとめると**表1**のようになる。

■ **アレルギー**　免疫が過敏に反応することで，からだが不都合な状態になる症状を**アレルギー**といい，アレルギーを引き起こす抗原を**アレルゲン**と呼ぶ。アレルゲンとなり得る物質は，花粉やダニ，ほこりや薬物，卵や乳製品などの食品などであり，個人によって異なる。花粉をアレルゲンとするアレルギーが**花粉症**である。

■ **アナフィラキシー**　皮膚や粘膜の炎症を伴う全身性の急激なアレルギーを**アナフィラキシー**という。アナフィラキシーのうち，血圧低下や意識障害などを伴う，生死にかかわる重篤な症状を**アナフィラキシーショック**という。アドレナリンはアナフィラキシーショックに緊急に対応するための医薬品として用いられる。

> **ポイント**
> 自己免疫疾患：自分自身に対する免疫反応の攻撃
> アレルギー：異物に対する過敏な免疫反応

## 2 免疫の働きの低下による病気

■ **日和見感染**　疲労や加齢，ストレスなどによって免疫の働きが低下し，健康なヒトでは通常発病しない病原性の低い病原体に感染し，発病することを**日和見感染**という。

■ **AIDS**　AIDS(エイズ，後天性免疫不全症候群)は，HIV(ヒト免疫不全ウイルス)というウイルスが適応免疫の中心であるヘルパーT細胞に感染して増殖し，破壊することで起こる。ヘルパーT細胞の機能が失われることによって，免疫機能が極端に低下し日和見感染が起こったり，がんなどを発症しやすくなったりする。

表1. おもな自己免疫疾患

| 自己免疫疾患の例 | 免疫反応の標的となる細胞 |
|---|---|
| 関節リウマチ | 関節の細胞 |
| Ⅰ型糖尿病 | すい臓のインスリンを分泌する細胞 |
| 重症筋無力症 | 運動神経が接する筋肉の細胞 |

**✿1. アドレナリン**
アドレナリンには，心臓の機能を増強し血圧を上昇させたり，気管支を拡張して呼吸を促進する作用があるため，アナフィラキシーショックを改善することができる。

**✿2. 日和見感染を起こすおもな病原体**
・カンジダ菌(カビのなかま)
・HHV(ヒトヘルペスウイルス)

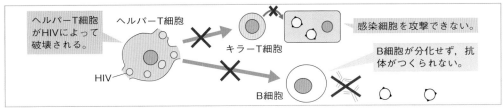

図13. HIVの感染と免疫の破壊

# ③ 免疫の医療への応用

■ **予防接種**　弱毒化または無毒化した病原体や毒素をあらかじめ接種しておくと，免疫記憶により感染症を予防できる。このとき接種する病原体や毒素を**ワクチン**という。また，ワクチンの接種により感染症を予防する方法を**予防接種**といい，はしか，結核など多くの病気に対して実施されている。

⚙3. 結核の予防とワクチン
BCG…弱毒化した結核菌であり，BCGを注射し，人工的に結核菌に対する免疫をもたせる。
ツベルクリン反応…結核菌のタンパク質を皮下に注射し，皮膚が赤く腫れるかどうかで結核菌に対する免疫の有無を調べる。

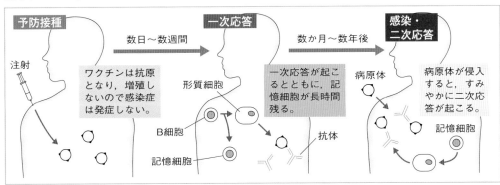

図14. ワクチンの働くしくみ

■ **血清療法**　あらかじめ動物につくらせた抗体を含む血清を注射して症状を軽減させる治療法を**血清療法**という。

⚙4. 血清療法は北里柴三郎が開発したものであり，現在においても緊急の場合(毒ヘビにかまれた場合など)に用いられている。

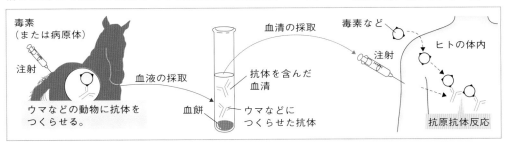

図15. 血清療法のしくみ

■ **抗体医薬**　近年では，特定の物質に対する抗体を量産する技術が開発され，治療に用いられている。これを**抗体医薬**と呼ぶ。

1 ☐ ヒトの皮膚表面において死んだ細胞から構成され，物理的防御に働く部分を何という？

2 ☐ 鼻・口・のど・気管・消化管などの内壁を占め，異物を排除する部分を何という？

3 ☐ 皮膚の皮脂腺や汗腺などからの分泌物に含まれ，細胞壁を分解する物質を何という？

4 ☐ 皮膚の皮脂腺や汗腺などからの分泌物に含まれ，細胞膜を破壊する物質を何という？

5 ☐ ヒトの白血球のさまざまな細胞に分化する骨髄に含まれる細胞は何か？

6 ☐ ヒトの白血球で，NK細胞，B細胞，T細胞を含むものを何という？

7 ☐ ヒトの白血球で，食作用と毛細血管の拡張作用と抗原提示作用がある細胞を何という？

8 ☐ ヒトの白血球で，毛細血管から感染部位に移動するとマクロファージになる細胞を何という？

9 ☐ ヒトの血球のうち，血液凝固因子を放出するものは何か？

10 ☐ ヒトの血しょうに含まれ，血液凝固にかかわる陽イオンを何という？

11 ☐ 血液凝固において，トロンビンの作用でつくられる繊維を何という？

12 ☐ 血液凝固の後，血管が修復され，血餅が取り除かれることを何という？

13 ☐ 脳の血管において血栓ができて血管が詰まり，血液循環が悪くなることを何という？

14 ☐ 獲得免疫において，全身のリンパ球に用意されるリンパ球の種類が多いことを何という？

15 ☐ 獲得免疫において，自分自身の成分を攻撃するリンパ球を排除することを何という？

16 ☐ 樹状細胞などが取り込んだ抗原を分解した後，その一部を細胞表面に出すことを何という？

17 ☐ 適応免疫において，抗体を産生し，抗原を排除する免疫を何という？

18 ☐ 適応免疫において，食作用の増強や感染細胞への攻撃などを行う免疫を何という？

19 ☐ 2回目以降に同じ病原体が感染したときの免疫応答を何という？

20 ☐ AIDSの原因となるウイルスの名称を何という？

21 ☐ アレルギー反応の一種であり，血圧の低下や生命にかかわる重篤な症状を何という？

22 ☐ すい臓のインスリンを分泌する細胞を攻撃する自己免疫疾患の名称を何という？

23 ☐ ヒト以外のほかの動物にあらかじめつくらせた抗体を含む血清による治療法を何という？

**解答**

1．角質層
2．粘膜
3．リゾチーム
4．ディフェンシン
5．造血幹細胞
6．リンパ球

7．マクロファージ
8．単球
9．血小板
10．カルシウムイオン
11．フィブリン
12．線溶[フィブリン溶解]

13．脳梗塞
14．リンパ球の多様性
15．免疫寛容
16．抗原提示
17．体液性免疫
18．細胞性免疫

19．二次応答
20．ヒト免疫不全ウイルス　[HIV]
21．アナフィラキシーショック
22．Ⅰ型糖尿病
23．血清療法

## 1 感染と自然免疫

感染と自然免疫について，次の各問いに答えよ。

(1) 私たちの体内に侵入し，病気を引き起こすウイルスや細菌やカビなどを総称して何と呼ぶか。

(2) ウイルスや細菌やカビなどによって引き起こされる病気を総称して何と呼ぶか。

(3) 消化管の内壁で病原体の移動を抑制している液体を何というか。

(4) 自然免疫においてがん細胞やウイルスに感染した細胞を排除する細胞を何というか。

## 2 化学的防御

以下のa～eの文を読み，次の各問いに答えよ。

a 鼻腔や咽頭の異物は，せきやくしゃみで排出される。

b 大腸にはヒトにとって無害な細菌が多くすんでいる。

c 皮膚から分泌されるリゾチームは，微生物の細胞膜を破壊する。

d 粘膜から分泌されるディフェンシンは細胞壁を破壊するタンパク質である。

e 胃液中の胃酸は，病原体の感染力を減少させる。

(1) a～eの文のうち，間違っている記述をすべて選べ。

(2) a～eの文のうち，化学的防御に関する正しい記述をすべて選べ。

## 3 免疫担当細胞

次のa～gの細胞の働きについて，次の各問いに答えよ。

a 樹状細胞　　　　b キラーT細胞
c 好中球　　　　　d NK細胞
e B細胞　　　　　f ヘルパーT細胞
g マクロファージ

(1) a～gの細胞のうち，リンパ球をすべて選べ。

(2) a～gの細胞のうち，胸腺で成熟する細胞をすべて選べ。

(3) a～gの細胞のうち，抗原提示を行う細胞をすべて選べ。

(4) a～gの細胞のうち，抗原提示を受ける細胞をすべて選べ。

(5) a～gの細胞に分化するもととなる，骨髄の細胞の名称を答えよ。

## 4 炎症

炎症について，次の各問いに答えよ。

(1) 炎症時に毛細血管を拡張させる働きをもつ細胞の名称を答えよ。

(2) 炎症時に血流量は増加するか，それとも減少するか。

(3) 炎症が起こっている部位において，食作用の働きは大きくなるか，それとも小さくなるか。

(4) 炎症部位の体温は高くなるか，それとも低くなるか。

## 5 血液凝固

血液凝固について，次の各問いに答えよ。

(1) 血管の破れた箇所に集まって最初に傷口をふさぐ血球成分は何か。

(2) 血液凝固の際に最終的にフィブリンに血球がからんで形成されるものは何か。

(3) 血管が修復された後，(2)を溶かす働きを何というか。

(4) 発展 血液凝固の際に繊維状の前駆物質をフィブリンに変化させる酵素の名称は何か。

(5) 発展 血液凝固の際に，フィブリンに変化する血しょう中の物質の名称を答えよ。

(6) 発展 血しょうに含まれており，血液凝固に必要なイオンの名称を答えよ。

## 6 免疫

次の文は，インフルエンザに感染してから治るまでの過程を説明したものである。各問いに答えよ。

　インフルエンザのウイルスが体内に侵入すると急激に増殖して発熱などの症状を引き起こす。この状態を「感染した」という。この間にも体内では①樹状細胞がウイルスを取り込んで分解し，②その情報をリンパ球の１つであるＴ細胞に連絡する。Ｔ細胞は③ある物質を放出してＢ細胞やＴ細胞を活性化する。Ｂ細胞は形質細胞に分化して抗体を血液中に放出する。この④抗体が抗原を凝集する。抗体による凝集は，マクロファージなどが捕食して抗原を取り除きやすくする働きもある。このことによってインフルエンザが治る。

(1)　下線部①の樹状細胞が行う防御の働きを何というか。
(2)　下線部②の働きを何というか。
(3)　発展 下線部③の物質を何というか。
(4)　下線部④の反応を何というか。

## 7 抗体の構造

右の図は抗体の構造を示したものである。次の各問いに答えよ。

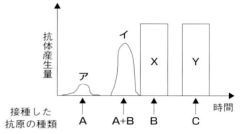

(1)　この抗体は何という名称のタンパク質か。
(2)　抗体と特異的に結合する物質を何というか。
(3)　発展 図中のＡ〜Ｄの部分の名称を答えよ。

## 8 二次応答

次の図は各種抗原をウサギに接種させた時間と，その後のウサギの体内で産生された抗体の量を調べたものである。

(1)　アのような免疫の応答を何というか。
(2)　イのような免疫の応答を何というか。
(3)　Ｘ，Ｙの部分では，それぞれア，イのどちらのようなグラフになるか。

## 9 免疫の低下や異常による病気

免疫に関する病気について，次の各問いに答えよ。

(1)　自己免疫疾患のうち，すい臓のインスリンを分泌する細胞が免疫の標的となるものを何というか。
(2)　アナフィラキシーを説明せよ。
(3)　免疫が低下し，健康なヒトでは通常発病しない病原性の低い病原体に感染し，発病することを何というか。
(4)　HIVによって引き起こされる病気を何というか。

## 10 免疫の医療への応用

免疫の医療への応用について，次の各問いに答えよ。

(1)　ヒトが結核菌に対する記憶細胞をもつかどうか調べる反応を何というか。
(2)　人工的にヒトに結核菌に対する記憶細胞をもたせるために接種するものを何というか。
(3)　ほかの動物につくらせた抗体を含む血清を注射する治療法を何というか。

# ●輸血と血液型の話

● **輸血の歴史**　古代の人々は，動物の血液には不思議な力があり，神秘的なものと信じていた。だから生贄の血を神に供えたり，戦いの前にからだに血を塗ったり，豊作を願って畑に血をまいたりしていた。

　1616年，ハーベイ（ハーヴィ）は血液の循環を観察して「血液の体内循環論」を発表した。

　1667年，ドニは，貧血と高熱の青年に子羊の血液の輸血を行った。輸血の直後は，青年は顕著な回復を見せたが，死んでしまった。このようなことがあったため，ローマ教皇庁から輸血禁止令が出され，その後長い間，ヨーロッパでは輸血は行われなくなった。

　1825年，イギリスの産科医ブランデルは，出産時の出血で死に瀕した女性に夫の血液を用いて輸血を行い，その命を救った。これが契機となって人から人への輸血が行われるようになったが，血液型を考慮しないままの輸血であったため，輸血による死亡事故などが多発した。

● **血液型の発見**　1900年，オーストラリアの医学者カール・ラントシュタイナーによりABO式血液型が発見された。その結果，図1のような流れの輸血では，血液凝固がわずかしか起こらないため命に別状がなく，輸血がかなり安全に行えるようになった。しかし，現在では，緊急時の場合を除き，輸血は必ず同じ血液型の人どうしで行っている。

図1. 血しょう適合チャート
矢印の方向へは輸血できる。

● **ABO式血液型**　ラントシュタイナーは，赤血球にはA，Bの2種類の凝集原（抗原），血清中には$\alpha$，$\beta$の2種類の凝集素（抗体）があり，Aと$\alpha$，Bと$\beta$が混ざると赤血球どうしが凝集することを突きとめた。

| 血液型 | A型 | B型 | AB型 | O型 |
|---|---|---|---|---|
| 凝集原（赤血球） | A | B | AとB | なし |
| 凝集素（血しょう中） | $\beta$ | $\alpha$ | なし | $\alpha$と$\beta$ |

表1. ABO式血液型の凝集原と凝集素

　ABO式血液型と凝集原，凝集素の関係は**表1**のようになる。

　A型の血液をO型の人に輸血した場合，赤血球表面にあるA凝集原がO型の人の凝集素$\alpha$と反応するため赤血球の凝集が強く起こる。しかし，O型の人の血液をA型の人に少量輸血した場合，O型の凝集素$\alpha$はA型の多量の血液に薄められてしまってA型の赤血球とO型の血液中の$\alpha$凝集素による凝集はごくわずかで命を落とすことは少ない。

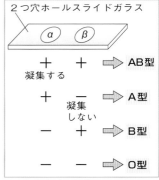

図2. 血液型の判定

● **血液型の判定**　ABO式血液型の判定は，2つ穴ホールスライドガラスの一方に凝集素$\alpha$，他方に$\beta$を入れ，ここで血液を混ぜて凝集反応の有無を調べて行う（図2）。

# 新型コロナウイルスのワクチン

## 新型コロナウイルス感染症

21世紀に入り最大の世界的な流行となり，日本の社会にも大きな影響をおよぼした新型コロナウイルス感染症(COVID-19)は2019年に発生した新型コロナウイルス感染症(coronavirus disease 2019)という意味で命名された。

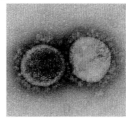

図1．コロナウイルス

スパイク
タンパク質

タンパク質
の殻

ウイルスゲノム
(RNA)

図2．コロナウイルスの構造

## コロナウイルスの感染と増殖

コロナウイルスの感染と増殖は次のように説明できる。まず，コロナウイルスのスパイクタンパク質がヒトの細胞の受容体に結合する(図3①)。次に，コロナウイルスのRNAがヒトの細胞に入ると，ヒトの細胞内でウイルスRNAが複製される(図3②)。さらに，RNAの遺伝情報をもとにウイルス自体がヒトの細胞内でつくられて，最終的にたくさんのウイルスがヒトの細胞から出ていく(図3③)。

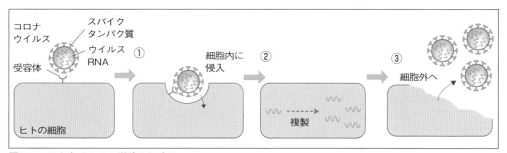

図3．コロナウイルスの増殖のしくみ

## 新型コロナウイルスのワクチン

主流となっているのはRNAワクチンである。これは抗原となる物質(コロナウイルスの一部)そのものではなく，ヒトの細胞にコロナウイルスのスパイクタンパク質のmRNAを取り込ませ，細胞内での翻訳によってスパイクタンパク質をつくらせるというものである。この体内でつくられたスパイクタンパク質に対して免疫記憶がつくられ，コロナウイルスが侵入したときにスパイクタンパク質に対する抗体がすみやかにつくられ感染や増殖を抑制するというしくみである。

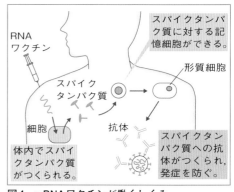

図4．mRNAワクチンが働くしくみ

# 3編

# 生物の多様性と生態系

# 1章 植生とその移り変わり

## 1 さまざまな植生

### ✿1. 非生物的環境
光，水，土壌，大気，温度など，生物に影響を与える要素を非生物的環境という。

### ✿2. 植物の生活形
植物は，降水量・気温・土壌（どじょう）など生育環境に強く影響を受けるため，それぞれの環境に適応した生活様式をもっている。これを生活形といい，生育環境が似た場所には，同じような生活形の植物が生育する。

---

参考 **ラウンケルの生活形**
ラウンケルは，植物を休眠芽（きゅうみんが）（低温や乾燥（かんそう）に耐えるための冬芽）の位置によって植物の生活形を区別し，図1のように分類した。
そして，地上植物の樹木については，葉の形態から広葉樹（こうようじゅ）と針葉樹（しんようじゅ）に分類し，さらに，落葉の有無によって，きまった季節に落葉する落葉樹（らくようじゅ）と落葉しない常緑樹（じょうりょくじゅ）に分類した。

---

■ 植物は，地球上の生物が利用する有機物を生産する働きを担っている。植物は自ら移動できないため**非生物的環境**✿1の影響を強く受け，それぞれの地域にはさまざまな植生が見られる✿2。

### 1 植生の成り立ち

■ **植生**　一定の地域に生息し，その地域の地表を覆（おお）っている植物全体をまとめて**植生**という。植生は降水量・気温などの気候的要因の影響を強く受ける。

■ **相観**　植生全体を眺（なが）めたときの外観を**相観**といい，相観によって植生は，**森林・草原・荒原**（こうげん）に大別される。

■ **優占種**（ゆうせんしゅ）　植生の中で，背丈が高く，最も量が多く，地表面を広く覆って相観を決定づけている植物種を**優占種**という。ふつう，優占種によって植生の名がつけられている。

例 ブナを優占種とする植生ならブナ林

■ **植生の役割**　植生は生態系（➡ **p.114**）の中で，太陽の光エネルギーを利用して，二酸化炭素と水から有機物をつくる生産者の役割を果たしている。

ポイント
植生…ある地域を覆っている植物全体。生態系の中では有機物を生産する生産者。

相観…植生の外観。相観によって植生は，森林・草原・荒原に大別される。

優占種…地表面を覆い，相観を決定づける植物種。

図1. ラウンケルの生活形
着色部分が休眠部分

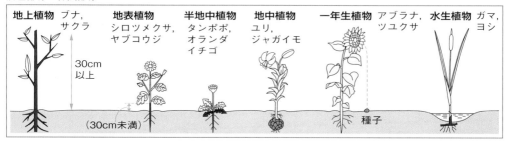

| 地上植物 ブナ，サクラ | 地表植物 シロツメクサ，ヤブコウジ | 半地中植物 タンポポ，オランダイチゴ | 地中植物 ユリ，ジャガイモ | 一年生植物 | アブラナ，ツユクサ | 水生植物 ガマ，ヨシ |

30cm以上
（30cm未満）
種子

# ② いろいろな植生

■ **森林** 降水量が多い地域に成立する植生を**森林**といい，密集して生えた樹木が**相観**を形成している。発達した森林は垂直方向の**階層構造**をつくる。地域の気温や降水量に応じて成立する森林の種類は異なる。

①**森林の階層構造** 日本の照葉樹林や夏緑樹林では，森林を構成する植物の高さによって**高木層・亜高木層・低木層・草本層・地表層**の垂直方向の階層構造が見られる。また，地中には土壌が見られる。森林の最上部で葉の茂りのつながった部分を**林冠**といい，地表面に近いところを**林床**という。発達した森林の内部では，最上部の光の強さを100としたときの明るさ（**相対照度**）は，高木層で急激に低下し，林床ではわずか数%となる。

| 例 | 照葉樹林 | 夏緑樹林 |
|---|---|---|
| 高木層 | スダジイ | ブナ |
| 亜高木層 | ヤブツバキ | ハウチワカエデ |
| 低木層 | ヒサカキ | クロモジ |
| 草本層 | シダ植物 | チシマザサ |
| 地表層 | コケ植物・地衣類など | |

②**森林内の環境** 森林内では，外部に比べて温度や湿度の変動が小さく安定している。森林は環境形成作用が強い。

③**気温と森林** 森林の種類は気温によって異なり，気温の高い方から低い方へ順に，**熱帯多雨林・亜熱帯多雨林・照葉樹林・夏緑樹林・針葉樹林**と分布する。

図3. 気温といろいろな森林の樹形

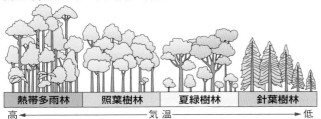

| 熱帯多雨林 | 照葉樹林 | 夏緑樹林 | 針葉樹林 |

高 ←――――――― 気 温 ―――――――→ 低

> **ポイント**
> 〔森林の階層構造〕
> 高木層・亜高木層・低木層・草本層・地表層
> （林冠）　　　　　　　　　（林床）

## ✿ 3. 土壌
森林では，風化した岩石に生物由来の有機物が混ざって土壌が生成する。土壌は次の4つの層状構造が見られる。

● 落葉・落枝の層：地面に落ちた葉や枝が堆積した層。
● 腐植に富んだ層：土壌動物や菌類・細菌などの分解者によって，有機物の分解が進んだ層。気温の高い熱帯林では分解者が盛んに働いて有機物がすぐ分解されるため，この層は薄い。
● 岩石が風化した層
● 母岩の層

図2. 森林の階層構造

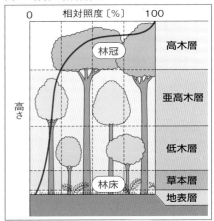

## ♻4. 草原の土壌
草原では，土壌の層状構造はあまり発達していない。

## ♻5. 荒原の土壌
荒原では，落葉・落枝層や腐植層はほとんど見られない。

## ♻6. ツンドラの植生
ツンドラでは，地衣類・コケ植物などの限られた生物しか生育できない（⇒p.107）。

■ **草原**　降水量が少なく樹木が生育できない地域に発達し，草本植物が優占する植生を**草原**という。森林に比べると階層構造が単純で，土壌も発達せず薄い。また，生息する生物種も少ない。熱帯や亜熱帯の地域では**サバンナ**（⇒p.107），温帯の内陸部の地域では**ステップ**（⇒p.107）と呼ばれ，イネ科の草本が優占している。

■ **荒原**　降水量が極端に少ない乾燥地域に見られる**砂漠**や極端に気温の低い地域にできる**ツンドラ**といった**荒原**[5][6]には，厳しい環境に適応した少数の特殊な生物が生育する。

■ **水辺の植生**　河川や湖沼などの水中には，陸上とは異なる植生が見られる。

①**水辺の植生**　水辺の植物は，生活形により，**抽水植物・浮葉植物・浮水植物・沈水植物**に大別できる。

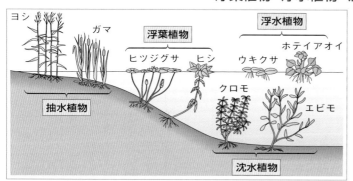

図4．水辺の植生

抽水植物：根は水面下にあり，植物体の一部が水面から出る。

浮葉植物：葉が水面に浮かんでいる。

浮水植物：植物体全体が水面に浮かぶ。

沈水植物：植物体全体が水中に沈む。

②**プランクトン**　浮遊生活する生物を**プランクトン**という。そのうち，植物プランクトンは光合成を行って有機物を合成する**生産者**として重要な働きをしている。

③**補償深度**　水中の植物や植物プランクトンが光合成することができるのは十分に光の強い表層に限られる。これらの生物が生育できる下限の水深を**補償深度**という。

④**生産層**　水面から補償深度までを**生産層**という。生産層の水深は水の濁りの程度に左右される。

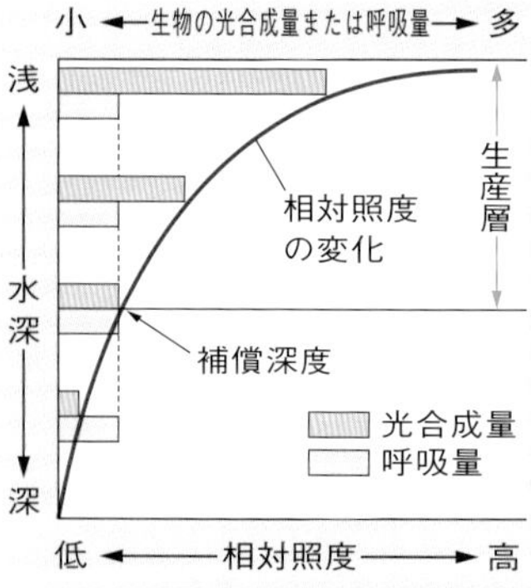

図5．補償深度と光合成
補償深度より深い場所では，植物や植物プランクトンの光合成が十分にできず，生育できない。

〔いろいろな植生〕
森林…樹木が優占し階層構造が発達。土壌も発達。
草原…草本植物が優占し，土壌は発達しない。
荒原…厳しい環境で，少数の特殊な植物のみ生息。
水辺の植生…抽水植物・浮葉植物・浮水植物・沈水植物や植物プランクトン（生産者）が，補償深度までの生産層で光合成を行う。

# 2 植物の成長と光

■ 植物は，光合成によって，生命活動に必要な有機物を合成している。その光合成は，光の強さなどの環境要因の影響を受ける。光の強さと光合成速度の関係について学ぼう。

呼吸はいつも行っている。

## 1 光の強さと光合成速度の関係

■ 光の強さを変えて二酸化炭素の吸収と放出の速度を測定すると，図6のような光―光合成曲線が得られる。

図6. 光―光合成曲線

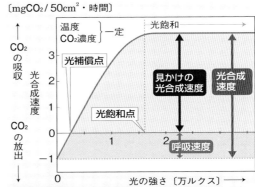

①呼吸速度　光の強さを0にしたとき，植物は，光合成をせずに呼吸だけを行って二酸化炭素を放出する。この二酸化炭素の放出速度を呼吸速度という。

②光補償点　光の強さを強くするにつれて，光合成も始まり，ある光の強さで，二酸化炭素の出入りが0になる。このときの光の強さを光補償点という。光補償点以下の光の強さでは，光合成量よりも呼吸量のほうが多いため，植物は生育できない。

③光飽和点　光合成速度は，光の強さとともに増加するが，ある光の強さに達すると，一定となってふえなくなる。このときの光の強さを光飽和点という。

④見かけの光合成速度　光があるとき，植物は光合成と呼吸を同時に行っている。ある光条件で，測定できる$CO_2$の吸収速度は，光合成による$CO_2$の放出速度から呼吸による$CO_2$の放出速度が差し引かれたものであり，これを見かけの光合成速度という。

⑤光合成速度　光合成速度は，暗黒状態で測定した呼吸速度に見かけの光合成速度を加えたものである。

| 暗黒状態 | 光補償点以下 | 光補償点 | 光補償点以上 |
|---|---|---|---|
| 光合成速度 = 0 (呼吸のみ) | 光合成速度 ∧ 呼吸速度 | 光合成速度 ‖ 呼吸速度 | 光合成速度 ∨ 呼吸速度 |

**光合成速度＝見かけの光合成速度＋呼吸速度**

光の強さ
- 光補償点以下…呼吸速度＞光合成速度
- 光補償点………呼吸速度＝光合成速度
- 光補償点以上…呼吸速度＜光合成速度

1章　植生とその移り変わり　　**101**

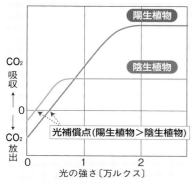

図7. 陽生植物と陰生植物の
　　光—光合成曲線

光補償点（陽生植物＞陰生植物）

## 2 陽生植物と陰生植物

■ **陽生植物と陰生植物**　植物の光補償点は種によってちがっており，光補償点のちがいにより次の2つに分けられる。

> 陽生植物…光補償点が高く，光の強い日なたで生育する植物。
> 　例　ススキ，トマトなどの多くの農作物，アカマツ・シラカンバ（陽樹）
> 陰生植物…光補償点が低く，光の弱い日かげでも生育できる植物。
> 　例　コケ植物，シダ植物，アオキ・スダジイ・アラカシ・タブノキ（陰樹）

■ **陽葉と陰葉**　1本の樹木でも，強い光が当たる所にある葉は，厚い葉になる。これを**陽葉**という。一方，日当たりの悪い北側や樹木の内部にある薄い葉を**陰葉**という。陽葉と陰葉の関係は，陽生植物と陰生植物の関係に似ている。

| | 呼吸速度 | 光補償点 | 光飽和点 |
|---|---|---|---|
| 陽生植物（陽葉） | 大きい | 高い | 高い☆1 |
| 陰生植物（陰葉） | 小さい | 低い | 低い |

## 3 陽樹と陰樹

■ **陽樹**　アカマツやシラカンバなど，陽生植物の性質をもつ樹木を**陽樹**といい，日なたでの生育が早い。陽樹は耐陰性が低く，光が届きにくい林床などの光が弱い場所では，陽樹の幼木は生育できない。

■ **陰樹**　アオキ，スダジイ，アラカシなど，芽ばえや幼木の時期に陰生植物の性質をもつ樹木を**陰樹**といい，日なたでは陽樹よりも生育が遅い。陰樹は耐陰性が高く，光が届きにくい林床でも，陰樹の幼木は生育できる。

> 陽樹…陽生植物の性質をもつ。日なたでよく育つが，林床では生育できない。
> 陰樹…陰生植物の性質をもつ。光が弱い環境に強く，林床でも生育できる。

☆1. 陽生植物の日なたでの生育
光飽和点が高い陽生植物は，光が強い環境では，光合成量が多い。つまり，日なたでは，陽生植物は陰生植物よりもよく生育する。

☆2. 耐陰性
光が弱い環境に耐えられる性質。光補償点が高い陽生植物は光が弱い環境では生育できないため，耐陰性が低い。
逆に，光補償点が低い陰生植物は光が弱い環境でも生育できるため，耐陰性が高い。

# 3 植生の遷移

■ 植物の存在しない裸地（らち）から，一定の方向性をもって植生が移り変わる現象を遷移（せんい）（植生遷移）という。

## 1 植生の遷移

■ **遷移**　ある場所の植生が，長い時間をかけて一定の方向性をもって変化していく現象を**遷移**（植生遷移）という。

■ **遷移の種類**　遷移のうち，陸地から始まるものを**乾性遷移**（せい）[1]，湖沼（こしょう）から始まるものを**湿性遷移**（しっせい）という。

■ **湿性遷移**　湖沼などに土砂や生物の遺骸（いがい）などが堆積することによって遷移が進行する。

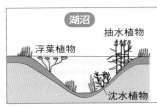

湖沼に土砂が堆積し，沈水植物が繁茂するようになり，水深が浅くなるにつれて浮葉植物，抽水植物へと遷移が進行する。

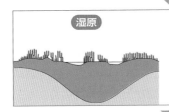

土砂のほかに，植物の遺骸が堆積することによって湖沼はさらに浅くなり，湿原へと遷移が進行する。

土砂や植物の遺骸がさらに堆積すると，草原へと遷移が進行する。その後は乾性遷移と同じように遷移が進行していく。

図8．湿性遷移のようす

■ **一次遷移と二次遷移**　乾性遷移の中で，溶岩流跡地（ようがんりゅう）や大規模な山崩れ（やまくず）などの跡地から始まるものを**一次遷移**（⇨p.104），山火事跡や大規模な森林伐採（ばっさい）跡から始まるものを**二次遷移**という。[2]

■ **遷移の進行に伴う変化**　時間の経過とともに遷移が進行していくと，周囲の環境や植生を構成する植物の特徴が変化していく。

✿1. 乾性遷移（一次遷移）

ふつう，次のように遷移する。
裸地・荒原→草原→低木林→陽樹（ようじゅ）林（りん）→混交林（こんこうりん）→陰樹林（いんじゅりん）（極相林）

✿2. 一次遷移と二次遷移のちがい
一次遷移：土壌がまったくない裸地である。
二次遷移：土壌がすでに形成されている（⇨p.105）。

|  |  | 裸地 | 草原 | 低木林 | 森林 |
|---|---|---|---|---|---|
| 植物の特徴 | 階層構造 | 単純 ──────→ 複雑 |  |  |  |
|  | 植物の最大の高さ | 低い |  |  | 高い |
|  | 種子の形態 | 小さく・軽い 風散布型 動物散布型 重力散布型 大きく・重い |  |  |  |
| 周囲の環境 | 地表の温度変化 | 大きい ──────→ 小さい |  |  |  |
|  | 地表の湿度 | 乾燥 ──────→ 湿潤 |  |  |  |
|  | 土壌 | 未発達（岩石） ──────→ 発達（腐植土層） |  |  |  |
|  | 栄養塩類 | 乏しい ──────→ 豊富 |  |  |  |
|  | 地表に届く光の強さ | 強い |  |  | 弱い |

## 2 一次遷移のモデルとしくみ

■ **裸地・荒原** 溶岩などで覆われた**裸地**は，土壌がなく保水力や栄養塩類に乏しい。ここにまず，強光や乾燥に強い草本のススキやイタドリなどの**先駆植物（パイオニア植物）**が侵入する。場所によって地衣類（⇒p.107）やコケ植物が侵入する場合もある。やがて先駆植物がパッチ状（モザイク状）に生育する**荒原**となる。砂や泥と，先駆植物の枯死体などで養分を含む土壌が形成され始める。

■ **草原** パッチ状の植生の面積が増して**ススキ**などの**草原**となる。これらの草本植物の枯死体や落葉の分解で生じた有機物で土壌の形成がさらに進む。

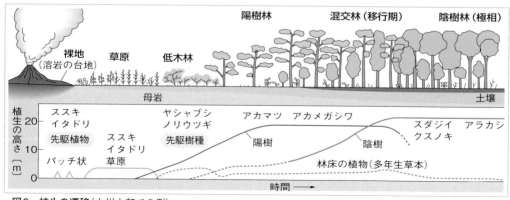

図9. 植生の遷移（本州中部での例）

■ **低木林** 耐陰性は低いが強光や乾燥に強い**陽樹**の種子が，風や動物などに運ばれ，これが発芽・成長して**低木林**が形成される。これらを**先駆樹種(先駆種)**といい，ヤシャブシ，ハンノキ，ヤマツツジ，アカマツなどがある。

■ **陽樹林** 先駆樹種のアカマツなどの陽樹は，成長が速く，**陽樹林**を形成する。しかし，陽樹林の林床はやや暗いため，耐陰性の低い陽樹の芽生えは生育できなくなる。この林床でも重力散布型で大形の種子をもち，耐陰性の高いスダジイやアラカシなどの**陰樹**の芽生えが生育する。

■ **陽樹から陰樹へ(移行期)** やがて陽樹と陰樹が混じる**混交林**となる。林冠を構成していた先駆樹種の陽樹が寿命や台風で倒れると，**極相樹種(極相種)**である**陰樹**が林冠をつくるようになり，陽樹から陰樹への樹種の交代が起こる。これを移行期という。

■ **陰樹林** 陰樹の幼木は暗い森林の林床でも育つので陰樹林は安定して続く。この安定した状態を**極相(クライマックス)**といい，極相に達した森林を**極相林**という。

■ **ギャップ** 極相林の林冠を構成している陰樹が台風などで倒れるなどのかく乱が起こると，林床に光が届くようになる。この部分を**ギャップ**という。ギャップの部分が大きいと陽樹が生育して林冠まで達することがある。ギャップは次々とできるので，極相林でもさまざまな樹種が**モザイク状**に入り混じって多様性を維持する。

■ **先駆樹種と極相樹種** 遷移の初期に現れる先駆樹種は乾燥に強く，成長も速く，種子の散布力に優れているが，比較的寿命が短く，耐陰性に劣る傾向がある。これに対して，極相樹種は，成長は遅いが寿命は長く，大きく育つ。

**〔照葉樹林の一次遷移〕**
裸地・荒原──→草原──→低木林──→陽樹林
　　　　　　　──→混交林──→陰樹林(極相林)

## ③ 二次遷移

■ **二次遷移** 森林の大規模な伐採や山火事などの跡地から始まる遷移を**二次遷移**という。

■ **遷移の速度** 土壌がすでに存在し，地中に埋もれた種子(埋没種子)や根・地下茎・切り株から芽が出るなどするため，植生は短時間で回復する。

✿ **3. 先駆樹種の環境形成作用**
先駆樹種が生育すると，林内の湿度は高く保たれるようになり，気温変動も少なくなる。そのため生息する動物の種類もふえる。このように，生物が環境に及ぼす影響を，環境形成作用という。

✿ **4. 先駆樹種と極相樹種**

| | 先駆樹種 | 極相樹種 |
|---|---|---|
| 耐乾性 | 強い | 弱い |
| 耐陰性 | 弱い | 強い |
| 初期の成長 | 速い | 遅い |
| 寿命 | 短い | 長い |
| 散布 | 風散布型 動物散布型 | 重力散布型 |

参考 **遷移と種子の散布型**
荒原や草原(遷移初期)

風散布型
ススキ，
アカマツ，
カエデなど
⇩
陽樹の低木
動物散布型
ヤマザクラ，
モチノキなど
⇩
陰樹(遷移後期)
重力散布型
アラカシ，
スダジイなど

✿ **5. 極相林内の二次遷移**
ギャップができたときには小規模な二次遷移が起こり，極相林の一部が更新される。これをギャップ更新という。

# 4 気候とバイオーム

気候はおもに気温と年間降水量によって決まる。気候とバイオームとの関係について調べてみよう。

☀1. 熱帯地方で森林が形成されるには年間降水量が1000 mm程度以上, 草原は200 mm程度以上が必要である。

図10. 熱帯多雨林（マレーシア）

☀2. サバンナは熱帯・亜熱帯の乾燥地域で, イネ科の草本中に低木が散在する。

図11. サバンナ（ケニア）

☀3. ステップは温帯の内陸部にある乾燥地域である。

図12. ステップ（モンゴル）

## 1 気候とバイオーム

**バイオーム** その地域の植生およびそこに生息する動物などを含めたすべての生物のまとまりをバイオーム（生物群系）という。

**気候とバイオーム** 世界の陸上のバイオームは気候条件（降水量, 気温）と対応している。降水量が十分な地域では森林が分布し, 少なくなると草原, そして荒原が分布する。

**気温とバイオームの分布** 森林のバイオームは気温により異なる。気温の高い地域から低い地域にかけて順に, 熱帯多雨林, 亜熱帯多雨林, 照葉樹林, 夏緑樹林, 針葉樹林が分布する。また, 草原も同様に熱帯地域ではサバンナ, 温帯地域ではステップとなる。

> **ポイント**
> バイオームは気温と降水量で決まる。
> 〔降水量〕（多雨）森林⇔草原⇔荒原（少雨）
> 〔気 温〕降水量が十分あるとき
> 熱帯⇔亜熱帯⇔照葉⇔夏緑⇔針葉
> 多雨林 多雨林 樹林 樹林 樹林
> （高温）←→（冷涼）

図13. 気候・降水量とバイオームの関係

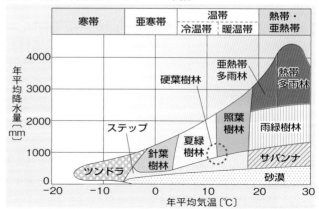

# ② 世界のおもなバイオーム

■ **熱帯多雨林・亜熱帯多雨林** 多雨の熱帯や亜熱帯に分布し，ラワン，フタバガキなど常緑広葉の高木が優占。着生植物<sup></sup>やつる植物，気根をもつ植物などが特徴的に見られる。河口などの汽水域にはヒルギの仲間が**マングローブ林**を形成。

■ **雨緑樹林** 雨季と乾季のある熱帯や亜熱帯に分布。チークなど乾季に落葉する広葉樹が優占。

■ **硬葉樹林** 夏に乾燥・冬に多雨の温帯(地中海性気候)地域に分布。オリーブ，コルクガシなど硬くて小さい葉をつける常緑広葉樹が優占。

■ **照葉樹林** 多雨の暖温帯に分布。スダジイ，アラカシなど光沢のある葉をもつ常緑広葉樹が優占。

■ **夏緑樹林** 多雨の冷温帯に分布。ブナ，カエデなど冬季に落葉する広葉樹が優占。

■ **針葉樹林** 亜寒帯に分布。モミ，トウヒなど常緑針葉樹やカラマツなど落葉針葉樹が優占。

■ **サバンナ** 少雨の熱帯・亜熱帯に見られる。草本が主で少数の木本がまばらに分布。

■ **ステップ** 少雨の温帯地域に見られる草原。

■ **砂漠** 極端に乾燥した熱帯〜温帯に分布。多肉植物がまばらに見られるか，植物はほとんど存在しない。

■ **ツンドラ** 寒帯地域に見られる。低木・亜低木が見られることもあるがおもには地衣類<sup></sup>・コケ植物。

## ✿ 4. 着生植物
土壌以外のもの(樹木や岩肌など)に根を付着させて生育する植物を，着生植物という。

図14. チーク　図15. オリーブ畑(ギリシャ)

図16. 針葉樹林(カナダ)

## ✿ 5. 地衣類
菌類と藻類の共生体で，チズゴケ，ウメノキゴケ，リトマスゴケなど，「〜ゴケ」と呼ばれるものが多い。

図17. 世界のバイオームの分布

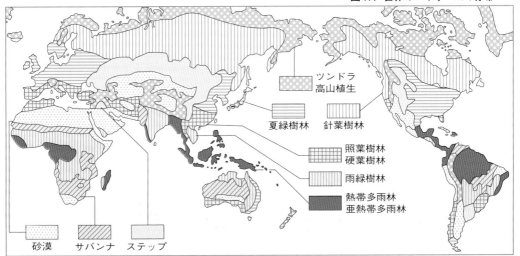

ツンドラ
高山植生

夏緑樹林　針葉樹林

照葉樹林
硬葉樹林

雨緑樹林

熱帯多雨林
亜熱帯多雨林

砂漠　サバンナ　ステップ

# 5 日本のバイオーム

■ 日本列島は降水量が多いため，全域で森林のバイオームが成立するが，気温に応じたバイオームの分布が見られる。

## 1 水平分布

■ **水平分布** 日本付近では，同じ標高で比べた場合，気温はおもに緯度によって決まってくるので，緯度のちがい<sup>ど</sup>によってバイオームが移り変わる**水平分布**<sup>☆2</sup>が見られる。

■ **日本列島の水平分布** 日本は高山などを除いて森林が極相<sup>きょくそう</sup>となっている。南北に長い日本列島では，南から北にかけて森林のバイオームが大きく異なり，南から**亜熱**<sup>あねつ</sup>**帯多雨林**<sup>たいたうりん</sup>**，照葉樹林**<sup>しょうようじゅりん</sup>**，夏緑樹林**<sup>かりょくじゅりん</sup>**，針葉樹林**<sup>しんようじゅりん</sup>が分布している。

☆1. 緯度に沿って帯状に移動すると，約100kmごとに気温が1℃低下すると言われている。

☆2. 低緯度から順に，森林ならば，熱帯多雨林→亜熱帯多雨林→照葉樹林→夏緑樹林→針葉樹林 と移り変わる。また，草原ならば，サバンナ→ステップ と移り変わる。

> **ポイント** 〔日本のバイオーム（水平分布）〕
> 亜熱帯多雨林⇔照葉樹林⇔夏緑樹林⇔針葉樹林
> （南）亜熱帯　　暖温帯　　冷温帯　亜寒帯（北）

図18. 日本のバイオームの水平分布

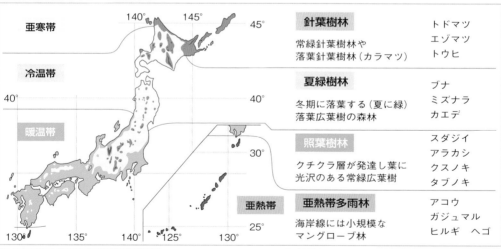

| 針葉樹林 常緑針葉樹林や落葉針葉樹林（カラマツ） | トドマツ エゾマツ トウヒ |
| --- | --- |
| 夏緑樹林 冬期に落葉する（夏に緑）落葉広葉樹の森林 | ブナ ミズナラ カエデ |
| 照葉樹林 クチクラ層が発達し葉に光沢のある常緑広葉樹 | スダジイ アラカシ クスノキ タブノキ |
| 亜熱帯多雨林 海岸線には小規模なマングローブ林 | アコウ ガジュマル ヒルギ　ヘゴ |

亜寒帯　冷温帯　暖温帯　亜熱帯

図19. 夏緑樹林（秋田県八幡平10月）

図20. 照葉樹林（宮崎県5月）

図21. マングローブ林（沖縄県宮古島）

## ② 垂直分布

■ **垂直分布**　同じ緯度でも標高が高いと気温が低下する。本州中部地方では，標高が1000 m高くなるごとに5〜6℃低下し，次のような**垂直分布**が見られる。

| 垂直分布 | 特徴 | おもな植物 |
|---|---|---|
| 高山帯<br>2500 m以上 | 高山草原(お花畑)や低木。<br>水平分布の寒帯に相当。 | コマクサ<br>ハイマツ |
| 亜高山帯<br>1700〜2500 m | 針葉樹林が発達し夏緑樹林も混在。亜寒帯に相当。 | オオシラビソ<br>コメツガ |
| 山地帯<br>700〜1700 m | 夏緑樹林が発達。<br>低山帯ともいう。 | ブナ，ミズナラ，<br>ダケカンバ |
| 丘陵帯<br>標高700 m以下 | 照葉樹林が発達。<br>低地帯ともいう。 | スダジイ，<br>タブノキ |

■ **森林限界**　**森林限界**とは高木が生育できる上限で，亜高山帯と高山帯の境になる。<sup>3</sup>

〔日本のバイオーム(垂直分布)〕
(低)丘陵帯⇔山地帯⇔亜高山帯⇔高山帯(高)
　　　　　　　　　　森林限界↑

■ **水平分布と垂直分布の関連**　日本付近では，水平分布も垂直分布も，いずれも気温による分布のため，低緯度地方と標高が低い場所，高緯度地方と高山帯とは，それぞれ見られるバイオームは対応している。

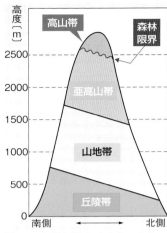

図22.　本州中部のバイオームの垂直分布

図23.　ハイマツ(岐阜県乗鞍岳)

○3.　中部地方では，森林限界はおよそ2500 m付近である。

図24.　日本のバイオームの垂直分布

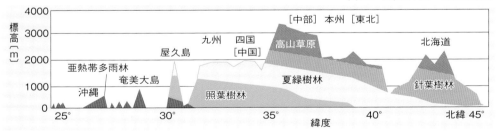

〔日本のバイオーム(中部地方の垂直分布)〕

| 気候帯 | 寒帯 | 亜寒帯 | 冷温帯 | 暖温帯 | 亜熱帯 |
|---|---|---|---|---|---|
| 水平分布 | (なし) | 針葉樹林 | 夏緑樹林 | 照葉樹林 | 亜熱帯多雨林 |
| 垂直分布 | 高山帯 | 亜高山帯 | 山地帯 | 丘陵帯 | (なし) |

## 重要実験 暖かさの指数の計算とバイオームの推定

暖かさの指数を計算することで，バイオームを推定することができるよ。

### 方法

1. 年降水量が1000 mm以上ある地域では，寒帯を除いて森林のバイオームが形成される（⇨p.106）。そして森林のバイオームが形成される地域で，実際どのような森林のバイオームが形成されるかは，気温によって決まる。

2. 植物がうまく生育できる下限の気温は5℃であると考えられており，1年間のうち，月平均気温が5℃以上の各月について，月平均気温から5℃を引いた値を求め，それらを合計した値（積算した値）を暖かさの指数とする。

3. 気候帯と暖かさの指数と形成されるバイオームの関係は表1のとおりである。

4. 函館と那覇の年降水量と各月の平均気温は表2および表3のとおりである。

5. 函館と那覇の暖かさの指数を求めよ。

6. 函館と那覇のバイオームを推定せよ。

表1. 暖かさの指数と形成されるバイオームの関係

| 気候帯 | 暖かさの指数 | 形成されるバイオーム |
|---|---|---|
| 熱帯 | 240以上 | 熱帯多雨林 |
| 亜熱帯 | 240〜180 | 亜熱帯多雨林 |
| 暖温帯 | 180〜85 | 照葉樹林 |
| 冷温帯 | 85〜45 | 夏緑樹林 |
| 亜寒帯 | 45〜15 | 針葉樹林 |
| 寒帯 | 15以下 | ツンドラ |

表2. 函館と那覇の年降水量

| | 年降水量〔mm〕 |
|---|---|
| 函館 | 1151.7 |
| 那覇 | 2040.8 |

表3. 函館と那覇の各月の平均気温

| | | 1月 | 2月 | 3月 | 4月 | 5月 | 6月 | 7月 | 8月 | 9月 | 10月 | 11月 | 12月 |
|---|---|---|---|---|---|---|---|---|---|---|---|---|---|
| 気温〔℃〕 | 函館 | −2.6 | −2.1 | 1.4 | 7.2 | 11.9 | 15.8 | 19.7 | 22.0 | 18.3 | 12.2 | 5.7 | 0.0 |
| | 那覇 | 17.0 | 17.1 | 18.9 | 21.4 | 24.0 | 26.8 | 28.9 | 28.7 | 27.6 | 25.2 | 22.1 | 18.7 |

### 結果

●暖かさの指数の計算とバイオームの推定は以下のようになる。

函館：$(7.2−5.0)+(11.9−5.0)+(15.8−5.0)+(19.7−5.0)+(22.0−5.0)+(18.3−5.0)+(12.2−5.0)+(5.7−5.0)=72.8$ ⇨函館は夏緑樹林

那覇：$(17.0−5.0)+(17.1−5.0)+(18.9−5.0)+(21.4−5.0)+(24.0−5.0)+(26.8−5.0)+(28.9−5.0)+(28.7−5.0)+(27.6−5.0)+(25.2−5.0)+(22.1−5.0)+(18.7−5.0)=216.4$ ⇨那覇は亜熱帯多雨林

### 考察

1. なぜ，函館も那覇も森林のバイオームが形成されると考えられるか。→ 年降水量が1000 mm以上だから。

2. 函館と那覇の気候帯は何か。→ 函館は冷温帯，那覇は亜熱帯

3. 函館や那覇で年降水量が少ないと，どのようなバイオームが形成されると考えられるか。→ 函館はステップ，那覇はサバンナ（さらに年降水量が少なくなるとどちらも砂漠となる）

4. 函館と同じ地域で標高1000 mの場所では，どのようなバイオームが形成されるか。→ 日本のバイオームの垂直分布より，針葉樹林が形成される。

1 ☐ 植生を構成する植物の中で，丈も高く地表面を最も広く覆っている種を何という？

2 ☐ 植生全体を眺めたときの外観を何という？

3 ☐ 植生を相観によって3つに大別したとき，森林と荒原とあと1つは何か？

4 ☐ 高さによって異なる植物がその空間を占める，森林内の構造を何という？

5 ☐ 森林の最上部を覆う，茂った葉のつながった部分を何という？

6 ☐ 森林内の地表面に近いところを何という？

7 ☐ 見かけ上の二酸化炭素の出入りが無くなる光の強さを何という？

8 ☐ 強い光のもとで光合成量の多い植物を何という？

9 ☐ 植生が一定の方向性をもって移り変わっていくことを何という？

10 ☐ 溶岩流の跡など，土壌が存在しない裸地から始まる植生の移り変わりを何という？

11 ☐ 植生の移り変わりの初期に，裸地に侵入する植物を何という？

12 ☐ 植生の移り変わりが進行してほとんど変化しなくなり，安定した状態を何という？

13 ☐ 森林の内部の林床で幼木が生育できるのは，陽樹と陰樹のどちらか？

14 ☐ 台風による倒木などにより，極相林の林冠を欠く場所を何という？

15 ☐ 相観で決まる植生とそこに生息する動物を含めたすべての生物のまとまりを何という？

16 ☐ 1年を通して，高温で雨の多い地域にできるバイオームは何か？

17 ☐ 降水量の少ない熱帯・亜熱帯地域に見られるバイオームは何か？

18 ☐ 日本列島で見られるおもな4つのバイオームは何か？（低緯度から順に）

19 ☐ 緯度の変化に応じた水平方向のバイオームの分布を何という？

20 ☐ 標高によるバイオームの分布を何という？

21 ☐ 高木が見られる標高の上限を何という？

22 ☐ 日本の中部地方の山で，オオシラビソやコメツガが見られるのは何帯か？

23 ☐ 日本の中部地方の山で，標高700m以下の地帯に見られるバイオームは何か？

### 解答

1. 優占種
2. 相観
3. 草原
4. 階層構造
5. 林冠
6. 林床
7. 光補償点

8. 陽生植物
9. 遷移[植生遷移]
10. 一次遷移
11. 先駆植物
　　[パイオニア植物]
12. 極相[クライマックス]
13. 陰樹

14. ギャップ
15. バイオーム[生物群系]
16. 熱帯多雨林
17. サバンナ
18. 亜熱帯多雨林，
　　照葉樹林，夏緑樹林，
　　針葉樹林

19. 水平分布
20. 垂直分布
21. 森林限界
22. 亜高山帯
23. 照葉樹林

## 1 植生の成り立ち

次の文章は，植生の成り立ちについて説明したものである。各問いに答えよ。

　植物はさまざまな気候的要因から影響を受けて生育しており，それぞれの環境に適応した生活様式をもっている。そのため，気候条件が異なると生育する植物の種類が異なる。
　また，植生全体を眺めたとき，その外観を　X　といい，　X　によって植生は，森林・草原・　Y　に分類される。

(1) 下線部について，これを何というか。
(2) 　X　と　Y　に当てはまる用語をそれぞれ答えよ。

## 2 森林の階層構造

右の図は，日本のある地方の極相（きょくそう）となった自然林の垂直的な変化を示したものである。各問いに答えよ。

(1) 図中のa〜dの層をそれぞれ何というか。
(2) 次のア〜カの植物はそれぞれa〜dのどの層で優占（ゆうせん）しているか。
　ア　ヒサカキ　　イ　タブノキ
　ウ　モチノキ　　エ　スダジイ
　オ　ベニシダ　　カ　ヤブツバキ
(3) 森林の最上部である林冠に対して最下部を何というか。

## 3 いろいろな植生

次の①〜⑤の植生をそれぞれ何というか。
① 降水量が極端に少ない乾燥（かんそう）した地域に見られる植生。
② 熱帯・亜熱帯（あねったい）で降水量が少なく，樹木がほとんど生育できない地域に見られる植生。

③ 降水量が多い地域に見られる樹木を主とする植生。
④ 極端に気温が低い地域に見られる植生。
⑤ 温帯地域で降水量が少ないために，樹木が生育できない地域に見られる植生。

## 4 植物の成長と光

右の図は，2種類の植物の光の強さと光合成速度の関係を示したものである。各問いに答えよ。

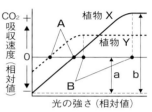

(1) A，Bの光の強さを，それぞれ何というか。
(2) a，bの量はそれぞれ何を示しているか。
(3) 強い光のもとで生育速度が速いのは植物X，Yのどちらか。
(4) アラカシ林の林床のような薄暗いところでも生育が可能なのは植物X，Yのどちらか。
(5) X，Yのような植物は，何と呼ばれるか。

## 5 植生の遷移（せんい）

下の図は，溶岩台地（ようがん）に見られる植生の遷移を示したものである。各問いに答えよ。

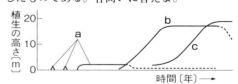

(1) 図中のa〜cはそれぞれ何を示すか。
(2) 次のア〜キの植物は，それぞれ図中のa〜cのどれに該当するか。
　ア　アラカシ　イ　アカマツ　ウ　タブノキ
　エ　スダジイ　オ　イタドリ　カ　ススキ
　キ　ヤシャブシ
(3) 図中のa，cの種子の散布形態はそれぞれ次のどれに該当するか。
　ア　重力散布型　　イ　動物散布型
　ウ　風散布型

(4) 森林の伐採などによってできた更地から始まる遷移を何というか。

## ⑥ 遷移のしくみ

次の文章を読み，各問いに答えよ。
①溶岩流跡地などは土壌がなく保水力や栄養塩類に乏しい。このような土地に，②強光や乾燥に強い草本植物やコケ植物・地衣類などがパッチ状に侵入する。これらの草本が面積を増して③草本植物が優占する植生となる。ここに風や動物によって④強光や乾燥に強い木本が侵入し，低木林を形成する。やがて，これらは生育して⑤森林となる。この林床は暗くなるので，耐陰性の低い④の幼木は育たないが，耐陰性の高い樹木の幼木は生育できるため，混交林の移行期を経て⑥耐陰性の高い樹木の極相林へと遷移する。極相に達した後も，⑦台風などによる倒木で林冠の一部が空いて林床に光が届く場所ができると，④の樹木が林冠まで育つ。

(1) 下線部①のような土地を何というか。
(2) 下線部②のような植物を何というか。
(3) 下線部③の植生を何というか。
(4) 下線部④のような樹木のことを何というか。
(5) 下線部⑤，⑥の森林を何というか。
(6) 下線部⑦のような場所を何というか。

## ⑦ 気候とバイオーム

下の図は，バイオームと気候の関係を示したものである。各問いに答えよ。

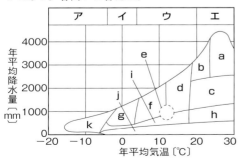

(1) ア〜エの気候帯の名称を答えよ。
(2) a〜kのバイオームの名称を答えよ。

## ⑧ 水平分布

次の図は日本のバイオームを示したものである。各問いに答えよ。

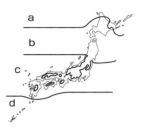

(1) 日本列島においてこのような分布が見られる主要な環境要因を1つ答えよ。
(2) a〜dのバイオームの名称を答えよ。
(3) a〜dでの優占種を2つずつ答えよ。

## ⑨ 垂直分布

右の図は，日本の本州中部におけるバイオームの垂直分布を示したものである。各問いに答えよ。

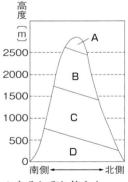

(1) 図中のA〜Dの垂直分布帯をそれぞれ答えよ。
(2) 図中のB〜Dで見られるバイオームをそれぞれ答えよ。
(3) 下のア〜エの植物は，図中のA〜Dのどの垂直分布帯で見られるか。
    ア　ブナ　　　　イ　オオシラビソ
    ウ　コマクサ　　エ　スダジイ
(4) 高木が生育できる限界の標高である図中のAとBの境界を何というか。

# 2章 生態系とその保全

## 1 生態系

地球上にはいろいろな生態系が存在する。生態系の構造や生態系内の生物どうしの関係について学習しよう。

### 1 生態系の構造と生物どうしの関係性

■ **生態系の構造** ある地域で生きるすべての生物とその周囲の非生物的環境を合わせて**生態系**という。生物は，生態系内の役割により**生産者**と**消費者**に分けられる。

**✿1. 作用**
非生物的環境から生物への働きかけを作用という。

**✿2. 環境形成作用**
生物から非生物的環境への働きかけを環境形成作用という。
例 森林の形成→湿潤な環境

**✿3. 相互作用** 発展
生物どうしの働き合いを相互作用という。

**✿4. 藻類**
光合成をする生物のうち，植物を除いたものを総称して藻類という。植物プランクトンの多くや海藻なども藻類に含まれる。

**✿5. 高次消費者**
三次以上の消費者を高次消費者という。高次の消費者はすぐ下の段階の消費者を食べるだけでなく，一次，二次の消費者を食物とすることもある。

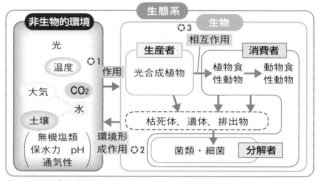

図1. 生態系の構造

■ **生産者** 緑色植物や藻類など光合成や化学合成によって，無機物から有機物をつくる能力をもつ独立栄養生物を**生産者**という。

■ **消費者** 生産者がつくった有機物を直接または間接的に取り込んで栄養源とし，これを分解してエネルギーを得る従属栄養生物を**消費者**という。消費者は植物食性の**一次消費者**，一次消費者を食べる動物食性の**二次消費者**，さらにそれらを食べる**三次消費者**などに分けられる。

■ **分解者** 消費者のうち，細菌や菌類など動植物の遺体・排出物に含まれる有機物の分解の過程にかかわる生物を**分解者**という。

**ポイント**
生態系＝生物＋非生物的環境
生態系の生物＝生産者＋消費者

# ② 食う−食われるのつながり

■ **食物連鎖**　食われるもの(被食者)と食うもの(捕食者)の関係は，生産者から高次消費者まで一連のつながりを見せるので，これを**食物連鎖**という。実際の食物連鎖は複雑な網目状に結ばれており，これを**食物網**という。

図2.　森林に見られる食物網

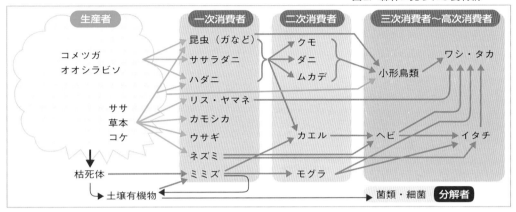

**ポイント**　食物連鎖は複雑に関連しあっている＝食物網

■ **生態ピラミッド**　生産者から始まる食物連鎖の各段階を**栄養段階**という。各栄養段階の値を順に積み重ねたグラフを**生態ピラミッド**といい，次の3つがある。通常はどれも，栄養段階が上になるほど少なくなる。

  個体数ピラミッド…各栄養段階を個体数で比較。
  生物量ピラミッド…生物量(個体の重量×個体数)で比較。
  【発展】生産力ピラミッド…一定期間の生物生産量で比較。

☘6. 逆ピラミッド
個体数ピラミッドは寄生関係などでは大小が逆転する場合がある。
例　樹木とその葉を食べる昆虫

☘7. 生産力とは，単位時間・単位面積あたりの生産量をエネルギー量で示したもの。生産力ピラミッドは生産速度ピラミッド，生産量ピラミッドなどと呼ばれることもある。

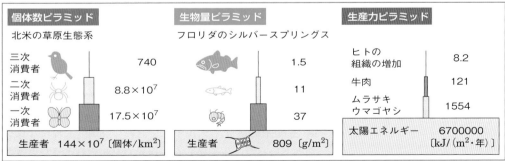

図3.　3種類の生態ピラミッド

**ポイント**　生態ピラミッド…個体数ピラミッド・生物量ピラミッド・生産力ピラミッド

# 2 生態系のバランスと復元力

■ **生態系のバランス** 生態系では，それを構成する生物も非生物的環境も常に変動している。しかし，その変動の幅は一定の範囲内に保たれていることが多く，この状態を**生態系のバランスが保たれている**という。

## 1 被食者と捕食者の個体数

■ **個体数の変動** 生態系における捕食者と被食者の個体数は周期的な変動をするが，その変動の幅は一定の範囲内に保たれている。

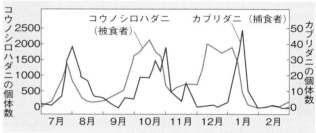

図4. 被食者（コウノシロハダニ）と捕食者（カブリダニ）の個体数の変動

## 2 かく乱と生態系の復元力

■ **かく乱** 既存の生態系やその一部を破壊するような外的要因を**かく乱(攪乱)**という。かく乱には，台風や土砂崩れ，山火事などの**自然かく乱**と，伐採などの**人為的かく乱**がある。

■ **復元力** 生態系がかく乱を受けたときに，もとの状態にもどろうとする力を**復元力(レジリエンス)**という。例えば，森林の一部が台風による倒木や小規模な山火事などによって破壊されても，かく乱の程度が弱ければやがてもとと同じような森林にもどる。二次遷移は，植生が失われたときの復元である。

■ **生態系の変化** 火山噴火や過剰な焼畑，大規模な伐採などといった，生態系のもつ復元力を超えるような大きなかく乱が起こった場合，生態系のバランスはくずれ，もとの生態系にもどらず，別の生態系に移行してしまう(⇒図6)。

○1. 中規模かく乱仮説 [発展]
かく乱は強弱によって種の多様性にちがいがでてくる。

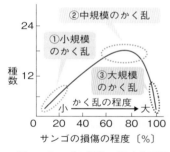

図5. サンゴの損傷の程度と種数の関係
①小規模のかく乱の場合：競争に強い種だけが生き残る。
②中規模のかく乱の場合：さまざまな種が見られる。
③大規模のかく乱の場合：かく乱に強い種だけが生き残る。
⇒種の多様性は中規模のかく乱によって最も高くなるという仮説があり，これを中規模かく乱仮説という。

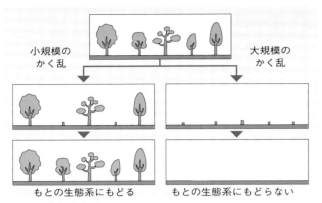

小規模の
かく乱

大規模の
かく乱

もとの生態系にもどる

もとの生態系にもどらない

かく乱の大きさ
により，生態系
が復元しない場
合がある。

図6. 生態系の復元力

■ **種多様性**　ある生態系における生物の種の多様さを**種
多様性**といい，熱帯多雨林のように膨大な種の生物が生
息する生態系から都市や農地のように生物種の少ない生態
系まで，種多様性は生態系によってさまざまである。<sup>2</sup>

■ **種多様性と生態系のバランス**　生態系において，生
物の種の多様性が高くなるほど，食物網は複雑になる。単
純な生態系では，1種類の生物の個体数が急激に増加した
り減少したりすると，ほかの生物も大きく影響を受けるが，
複雑な生態系では，1種類の生物の個体数が急激に変化し
ても，そのほかの生物の個体数は大きく影響を受けにくく，
個体数の変動は一定の範囲に保たれやすくなる。

❷. **生物多様性の3階層** 発展
①**遺伝的多様性**：生態系において
各個体がもっている遺伝子の多
様さ。
②**種多様性**：生態系における生物
の種の多様さ。
③**生態系多様性**：地球上の森林，
草原，湖沼，河川など生態系の
種類の多様さ。

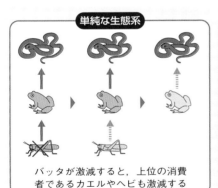

単純な生態系

バッタが激減すると，上位の消費
者であるカエルやヘビも激減する

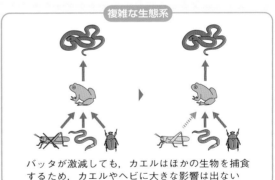

複雑な生態系

バッタが激減しても，カエルはほかの生物を捕食
するため，カエルやヘビに大きな影響は出ない

図7. 食物網の複雑さと生態系のバランス

**生態系のバランス**…かく乱に対する復元力によ
り，個体数やその割合の変動は一定の範囲に保
たれている。

# ③ キーストーン種

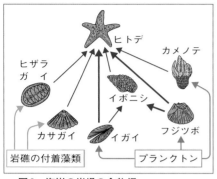

図8. 海岸の岩場の食物網

■ **キーストーン種**　生態系内で食物網の上位にあり，ほかの生物の生活に大きな影響を与える生物種を**キーストーン種**と呼ぶ。

■ **ペインの実験**　図8のような食物網が見られる太平洋沿岸の岩場において，ヒトデの個体を1年以上にわたって除去し続ける実験を行った。その結果，1年後にはイガイがほぼ岩場を独占し，それ以外の動植物はほとんどいなくなった。この生態系においてイガイをよく食べるヒトデが多様性を保つ**キーストーン種**として存在していたと提唱した。

■ **間接効果**　ある生物の存在が，その生物と捕食・被食の関係で直接つながっていない生物の生存に対して影響を与える効果を**間接効果**という。

■ **食物連鎖と間接効果**　北太平洋のアリューシャン列島沿岸のケルプ（大型のコンブの仲間）が繁茂する海域では，図9のようにラッコがウニを捕食し，そのウニがケルプを摂食していた。この食物連鎖において，シャチによる捕食や乱獲などによりラッコが減少すると，ウニが増加してケルプをほとんど食べつくしてしまった。ケルプの植生が保たれていたのはラッコによる間接効果である。

✿3. ケルプの消失によってケルプをすみかや産卵場所にしていた魚なども見られなくなった。ラッコはこの生態系において多様性を保つキーストーン種であったといえる。

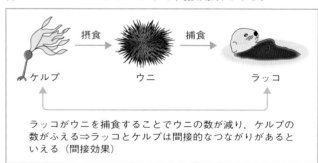

ラッコがウニを捕食することでウニの数が減り，ケルプの数がふえる⇒ラッコとケルプは間接的なつながりがあるといえる（間接効果）

図9. 間接効果

■ **絶滅**　生態系のバランスが崩れると，ある生物種が増加する一方で，その生態系から消滅する生物種も生じる。生物種のすべての個体が地球上，あるいはある地域からいなくなることを**絶滅**という。

> **ポイント** キーストーン種は種の多様性に重要である。
> 間接効果…捕食被食の関係に無い生物間の効果

# ④ 自然浄化と水質汚濁

■ **自然浄化** 河川などに流入した有機物は，少量ならば沈殿，希釈され，分解者の働きによって**自然浄化**される。

①河川に汚水が流入すると，流入点の近くで有機物が増加するため，これを分解する細菌などが増加して水は濁る。また，細菌の呼吸によって，**溶存酸素量**は急激に減少する。⊙4

②やや下流になると原生動物が増加して細菌を捕食するため水の濁りはしだいに回復する。

③さらに下流域では死滅した菌の分解などで栄養塩類が増加するため，これを利用する藻類が繁殖するようになる。藻類の光合成によって酸素が放出されて溶存酸素量も回復し，清水にもどる。

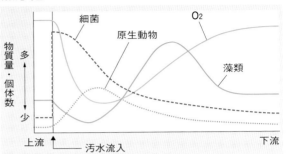

図10. 河川における自然浄化

〔自然浄化〕

汚水 ⇒ 細菌増加 ⇒ 原生動物増加 ⇒ 藻類増加
流入　　（O₂急減）　　（細菌を捕食）　　（O₂回復）

■ **赤潮・アオコ** 都市の生活排水や工業廃水などが多量に河川・湖沼・海洋などに流入すると，自然浄化の能力を超え，**富栄養化**が起こる。そのため特定のプランクトンが大増殖して**赤潮やアオコ（水の華）**が発生する。⊙5

赤潮：内湾，内海で発生し，海面が赤褐色に変化する。
アオコ：湖沼で発生し，水面が青緑色に変化する。

# ⑤ 生物濃縮

■ **生物濃縮** 有機水銀・DDT・PCBなどの特定の有害物質が，生物体内に外部環境よりも高い濃度で蓄積される現象を**生物濃縮**という。このとき，栄養段階が上位の生物ほど非常に高濃度に蓄積されてしまう傾向がある。

 生物濃縮…有害物質が排出されず体内に蓄積

**⊙4. 溶存酸素量とBOD**
水に溶けている酸素を溶存酸素というが，検水を容器につめて，20℃にして暗黒中で5日間置いたとき消費された溶存酸素量をBOD（生物学的酸素要求量）といい，水の汚れを示す指標としてよく使われる。一般的にBODが高いほど有機物や細菌などの多い，きたない水といえる。
また，溶存酸素量の単位としてはppm（1ppmは0.0001％）が使われることが多い。

**⊙5.** 異常発生するのは植物プランクトンでも，その遺体が分解される際に多量の酸素が消費され，水中の酸素は不足がちになる。

図11. ある湖での生物濃縮の例

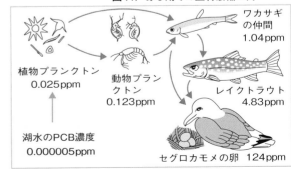

ワカサギの仲間 1.04ppm
植物プランクトン 0.025ppm
動物プランクトン 0.123ppm
レイクトラウト 4.83ppm
湖水のPCB濃度 0.000005ppm
セグロカモメの卵 124ppm

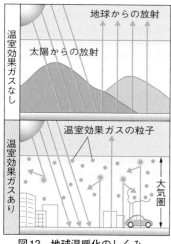

図12. 地球温暖化のしくみ

■ 20世紀以降の人間活動の結果，地球温暖化やオゾン層破壊など，地球規模のさまざまな問題が起きている。

## 1 地球温暖化

■ **温室効果**　大気中の二酸化炭素($CO_2$)・メタン($CH_4$)・フロンなどの気体は**温室効果ガス**と呼ばれ，太陽光によって温められた地表面や大気中から熱が大気圏外に出るのを妨げる働きをする。この働きを**温室効果**という(➡図12)。

■ **地球温暖化**　世界の年平均気温は20世紀の100年間で0.7℃上昇し，過去1000年間では例のない急激な変化をしている(➡図13)。この**地球温暖化**は，図14の$CO_2$濃度の変化のように，石油や石炭などの化石燃料の大量消費，森林の伐採などによって温室効果ガスが急激に増加したためと考えられる。

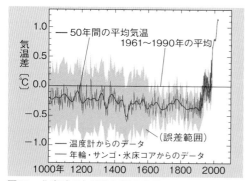

図13. 北半球の年平均気温の変化

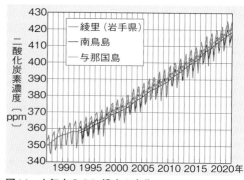

図14. 大気中の$CO_2$濃度の変化

◆1. 南極大陸の氷床や高山の氷河が溶けて海に流れ込んだり，海水が膨張したりする結果，海水面が上昇していると考えられている。

◆2. マラリアやデング熱など，熱帯にすむカが媒介する伝染病は，熱帯地域が広がればそれだけ拡大する危険がある。

■ **地球温暖化による問題**　次のような問題が懸念される。
① 海水面の上昇が起こり，低地の島や都市が水没する。
② 熱帯性の伝染病の流行地域が拡大する。
③ 現在の気候分布が高緯度にずれていくため，温暖化が急激に進めば植生移動についていけない動植物が絶滅する。

〔地球温暖化〕

| 温室効果ガス $CO_2$ $CH_4$ フロン | ⇒ 増加 | 温室効果 | ⇒ | 地球温暖化 海水面上昇 生態系への影響 |
|---|---|---|---|---|

## ② 森林破壊

■ **熱帯林の破壊**　熱帯多雨林は資材確保のための大規模な伐採や焼畑(その後放牧地となる),森林火災などによって急速に減少している。また,沿岸部のマングローブ林も,燃料用に乱伐されたり,水田や輸出用のエビなどの養殖池の用地として破壊されている。

■ **熱帯林破壊の問題**　熱帯林は土壌が薄く(➡p.99),伐採されると雨で表土が流出し,生態系の回復は困難である。また,熱帯林を破壊すれば生物の多様性の破壊にもつながる。また,熱帯林は生物体として膨大な量の炭素を保持しており,破壊すると二酸化炭素の増加を防げなくなり,地球温暖化の進行につながる。

> **ポイント**
> 〔熱帯林破壊の問題点〕
> ① 失われると回復困難　　② 生物多様性の破壊
> ③ 地球温暖化の進行につながる

昔ながらの焼畑は移動しながら小規模の土地を利用していたので,一定期間放置すれば森林が回復できていた。

## ③ 環境中に廃棄されたプラスチックの問題

■ **マイクロプラスチック**　環境中に存在する微小なプラスチック粒子のことを**マイクロプラスチック**[*3]という。私たちが普段使っているプラスチック製品は長時間紫外線を当てるとぼろぼろに分解する。また,歯磨き粉や洗顔料に含まれるマイクロビーズや,プラスチック素材からできた服を洗濯した排水にも含まれる。

■ **環境中のプラスチックが生物に及ぼす害**　大量に消費されるプラスチックは生物によって分解されづらく,環境や生物体内に残りやすい。このため,プラスチックは海洋中や湖沼中にも大量に存在し,2050年には海にすむ魚の量を上回るという予測もされている。また,水鳥が消化管に詰まらせて衰弱死する例が報告されているほか,DDTや発がん性のあるPCBなどの有害物質を吸着しやすい性質があり,マイクロプラスチックを介した生物濃縮(➡p.119)が生態系に与える影響も懸念されている。

> **ポイント**
> マイクロプラスチックは体内や湖沼や海洋中に存在し,有害物質を吸着しやすい。

✿3. 大きさが5mm以下のプラスチックをマイクロプラスチックと呼んでいる。

図15. プラスチックごみを飲み込み衰弱死した海鳥(コアホウドリ)

# 4 生物多様性と生態系の保全

## 1 生態系の保全の重要性

■ **生態系サービス** 人間が生態系から受けるさまざまな恩恵をまとめて**生態系サービス**という。生態系サービスを持続的に受けるためには生態系を保全していく必要がある。

| | | |
|---|---|---|
| 生態系サービス | 供給サービス | 食料品や木材，医療品，水，燃料など |
| | 調整サービス | 生態系による気候や洪水の調節，病気や害虫の制御など |
| | 文化的サービス | レジャー活動やレクリエーションを行える場所や風景 |
| | 基盤サービス | 土壌の形成や二酸化炭素の吸収など，上記3つの基盤となるサービス |

表1．生態系サービスの分類の例

## 2 生物多様性の低下

■ **外来生物** 人間活動に伴って本来の分布域から移入され，定着した生物を**外来生物**，もとから生息していた生物を**在来生物**という。移入先で，生態系や人間の生活に大きな影響を与える，またはそのおそれのある外来生物は外来生物法により**特定外来生物**に指定され，飼育，運搬，輸入，野外へ放つ行為などが禁止されている。

例 **動物**…アライグマ，オオクチバス（図16），カミツキガメ，ヒアリ，フイリマングース，ブルーギル（図17），グリーンアノール

**植物**…オオキンケイギク，アレチウリ，ボタンウキクサ

■ **絶滅危惧種** 地球上には，さまざまな原因によって絶滅のおそれがある生物が多く存在する。このような生物は**絶滅危惧種**と呼ばれる。

例 **動物**…アマミノクロウサギ，イリオモテヤマネコ，ヤンバルクイナ（図18），アカウミガメ，アホウドリ

**植物**…レブンソウ，エゾハコベ，ヒダカソウ

図16．オオクチバス（ブラックバス）

図17．ブルーギル

図18．ヤンバルクイナ

絶滅のおそれのある生物について，その危険性の程度を判定して分類したリストを**レッドリスト**[*1]と呼ぶ。また，このリストにもとづいて分布や生育状況，絶滅の危険度などを記載したものを**レッドデータブック**と呼ぶ。

■ **生態系の分断**　道路や河川におけるダムなどの建設や開発による生息地の分断[*2]は，採食や繁殖の機会を奪い，絶滅や生物多様性の低下の原因となっている。

> **ポイント**
> 生物多様性の低下の原因…外来生物の移入，開発による生態系の分断など

## ③ 環境保護の取り組み

■ **環境アセスメント**　開発を行う際，その開発によって生態系におよぼされる影響を事前に調査することを**環境アセスメント**(環境影響評価)という。

■ **SDGs**　SDGs は Sustainable Development Goals の略で，日本語では「**持続可能な開発目標**」という。2015年の国連総会で採択された，2016年から2030年の間に達成を目指す国際目標である。取り組み課題は，気候変動への緊急対応，持続可能な消費と生産，貧困の解消，格差の是正，平和と正義の推進など多岐にわたる。

■ **里山の保全**　人里とその周辺にある農地や草地・ため池・雑木林などがまとまった一帯を**里山**[*3]という。里山の環境は，多様な生物が生息できるように維持されてきた。しかし，人間の生活様式が変化し，里山が管理されなくなったため，極相林へと遷移が進行し，林床が暗くなり多様性の低下が起こっている。

■ **湿地の保全**　干潟や湖沼・河川のほか，水田・マングローブ・サンゴ礁などのさまざまな湿地[*4]には，湿地特有の多様な水生生物や，それらを捕食する鳥類が多数生息している。ラムサール条約では，湿地の保全・再生とワイズユース(賢明な利用)，交流・学習などを目標としている。

> **ポイント**
> 〔環境保全の取り組み〕
> ① 環境アセスメント
> ② SDGs(持続可能な開発目標)
> ③ 里山や湿地などの環境保全

✿**1.** 日本の環境省が2019年に作成したレッドリストには，3676種の絶滅危惧種が記載されている。

✿**2. 魚道**
サケなどのように河川の上流と下流を移動する生物が段差やダムによって妨げられないよう設けられた水路を魚道という。

図19. 魚道

✿**3.** 日本の里山では，森林で薪や炭の材料を採ったり，肥料にする落ち葉を集めたりすることなど，適度な人間活動がかく乱となり，生物の多様性を維持されてきた。

✿**4.** 日本では戦後，干拓や埋め立てなどで干潟の4割が消失した。

# 土壌動物の調査

土壌の生態系も少し場所が変わると，種構成がちがう。

## 方法

**1** 調査地点を選定し，底を抜いた空き缶を土壌の表面から土壌中に10cm差し込み，深さ0cmから10cmの土壌を採取し，ビニール袋に入れて持ち帰る。

**2** 持ち帰った土壌を白いバットに広げ，ピンセットなどを用いて肉眼で見える動物を採取する。

**3** さらに残った土を，厚さが3～4cm程度になるようにして右図のような**ツルグレン装置**にセットし，装置の電灯をつける。

**4** 電灯の熱によって，土壌動物は土壌からはい出してツルグレン装置の下部にあるエタノール容器に落下してくるので，一定時間に落ちてくる土壌動物を採取する。

**5** **4**をペトリ皿にあけてルーペまたは双眼実体顕微鏡で観察し，種類ごとに形態をスケッチして，その数を調べる。また，動物名を図鑑を使って同定する。正確な同定が難しい場合は，およその分類群を調べる。

かさ / 40Wの電球 / 金属板 / 土壌 / 20cm / 網目2mmの金網 / ろうと / 70%エタノール

## 結果

●次のような動物が観察された。

| 脚なし | 脚3対 | | | | 脚4対 | | 脚7対 | 脚多数 |
|---|---|---|---|---|---|---|---|---|
| ハエ類　ヒメミミズ | 翅なし　トビムシ　アリ | 甲虫の幼虫　ナガコムシ　シロアリ | ハサミムシ | 翅あり　甲虫　ハネカクシ | カニムシ　ササラダニ | 触肢　ダニ　クモ | ダンゴムシ　ワラジムシ | イシムカデ |

## 考察

**1** 土壌動物が多く見られたのはどのような土壌か。 → 森林の下など腐植質の多い土に多くの土壌動物が観察された。

**2** 同じ地域で表面から10cmごとに40cmぐらいの深さまで土壌を採取した場合，どの深さに多くの土壌動物が観察されたか。また，その理由も推察せよ。 → 表面近くの土壌ほど多くの土壌動物が見られる。これは表面近くほど落ち葉などの生物の枯死体，遺体や腐植質が多いためと考えられる。

**3** 同じ場所の土壌でも，季節によって土壌動物にちがいが見られるか。 → 春から夏にかけて多く，秋から冬にかけて気温の低下とともに種類・数とも減少する。

1 ☐ 生態系内の生物をその役割で2つに分けると，何と何か？

2 ☐ 「食う－食われる」の関係による，一連の鎖のようなつながりを何という？

3 ☐ 「食う－食われる」の関係から成る，複雑にからみ合ったつながりを何という？

4 ☐ 生産者から始まる一次消費者，二次消費者などの段階を何という？

5 ☐ 生態ピラミッドのうち，個体の重量の合計で各段階を比較したものを何という？

6 ☐ 既存の生態系やその一部を破壊するような外的要因を何というか。

7 ☐ 生態系の一部が破壊された後，生態系自体がもとにもどろうとする力を生態系の何という？

8 ☐ 生態系の生物間の働き合いで保たれている生態系の安定した状態を何という？

9 ☐ 食物網の上位にあって，ほかの生物の生活に大きな影響を与えている種を何というか。

10 ☐ 直接的な捕食－被食の関係がない生物種間で，個体数に影響を与える現象を何というか。

11 ☐ ある生物種の個体が地球上からすべていなくなることを何というか。

12 ☐ 河川などに流入した排水などの有機物を生物が分解することを何という？

13 ☐ 生活排水や工業廃水の流入などによって栄養塩類などの濃度が高くなる水質変化を何という？

14 ☐ 13によってプランクトンが大量発生し海面が赤褐色に変化する現象を何という？

15 ☐ 生物体内で特定の化学物質が環境よりも高濃度で蓄積されることを何という？

16 ☐ 二酸化炭素やメタンなどの気体が，大気圏内に熱を保つ働きを何という？

17 ☐ 二酸化炭素やメタンなどの増加で地球の平均気温が上昇することを何という？

18 ☐ 環境中に存在する微小なプラスチック粒子を何というか。

19 ☐ 人間が生態系から受けるさまざまな恩恵をまとめて何というか。

20 ☐ ほかの地域から侵入してきて定着した生物を何という？

21 ☐ 種の存続があやぶまれている生物の種や生態などのデータをまとめた本を何という？

22 ☐ 日本において，大規模な開発を行う前に行う生態系への影響の調査を何というか。

23 ☐ 人里とその周辺の農地や草地，ため池，雑木林などがまとまった地帯を何というか。

**解答**

1. 生産者・消費者
2. 食物連鎖
3. 食物網
4. 栄養段階
5. 生物量ピラミッド
6. かく乱[攪乱]
7. 復元力[レジリエンス]

8. 生態系のバランス
9. キーストーン種
10. 間接効果
11. (種の)絶滅
12. 自然浄化
13. 富栄養化
14. 赤潮

15. 生物濃縮
16. 温室効果
17. 地球温暖化
18. マイクロプラスチック
19. 生態系サービス
20. 外来生物[外来種]
21. レッドデータブック

22. 環境アセスメント
23. 里山

## 1　生態系

ある生態系の中の生物は，その役割によって，生産者(a)と消費者に分けられ，消費者はさらに一次消費者(b)，二次消費者(c)，三次消費者(d)，分解者(e)に分けられる。各問いに答えよ。

(1)　生産者から始まる食物連鎖の各段階を何というか。

(2)　a〜eにあうものを，次のア〜オから選べ。
　ア　菌類　　　　　イ　植物食性動物
　ウ　緑色植物　　　エ　小形動物食性動物
　オ　大形動物食性動物

(3)　次の①〜③は，a〜eのどれに相当するか。
　①　イネ　　　②　カエル　　　③　イナゴ

(4)　生態系においてa〜dの通常の生物量はどのような関係にあるか。a〜dの記号と不等号(<)を使って示せ。

## 2　生態ピラミッド

生態ピラミッドについて，各問いに答えよ。

(1)　生態ピラミッドのうち，各栄養段階の個体数を比較したものを何というか。

(2)　生態ピラミッドのうち，個体の重量と個体数の積を比較したものを何というか。

(3)　発展 生態ピラミッドのうち，一定期間の生物生産量を比較したものを何というか。

(4)　生態系ピラミッドにおいて，栄養段階の下位の量と栄養段階の上位の量を比較したとき，一般的にどちらの量が多いか。

## 3　生態系のバランス

生態系のバランスについて，各問いに答えよ。

(1)　生態系のバランスが保たれている場合，捕食者と被食者の個体数の増減において，被食者と捕食者がともに減少する時期の次は，被食者と捕食者の個体数はどのように変化するか。

(2)　生態系のバランスが保たれている場合，捕食者と被食者の個体数の増減において，被食者と捕食者がともに増加する時期の次は被食者と捕食者の個体数はどのように変化するか。

(3)　生態系やその一部を破壊するように働く外部からの力を何というか。

(4)　生物種が多く食物網が複雑な生態系と，生物種が少なく食物網が単純な生態系では，どちらのほうが生態系のバランスが保たれやすいか。

## 4　キーストーン種

下の図は太平洋沿岸のある岩場にみられる食物網を示している。生態学者のペインはこの食物網の最上位にいるヒトデの個体を1年以上にわたって除去し続ける実験を行った。その結果，3か月後にはフジツボが，1年後にはイガイがほぼ岩場を独占し，それ以外の個体はほとんどいなくなった。各問いに答えよ。

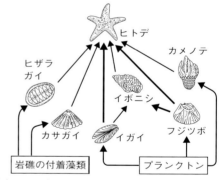

(1)　この食物網におけるキーストーン種は何か。

(2)　ヒトデがいなくなったことで藻類も見られなくなった。このような直接，被食−捕食の関係にない生物間において，個体数に影響がある効果を何というか。

(3)　この食物網から，ヒトデのみを除去し続けたとき，藻類が減少した理由は何か。

(4)　この食物網から，ヒトデのみを除去し続けたとき，ヒザラガイが減少した理由は何か。

## ⑤ 水質汚染

下の図Aは河川の流れと微生物の個体数の変化の関係を示したものであり，図Bは河川の流れと酸素および栄養塩類の濃度変化の関係を示したものである。各問いに答えよ。

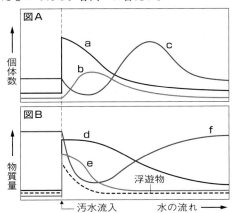

(1) 図Aのa～cが示しているのは，どの微生物の量の変化か。次のア～ウからそれぞれ選べ。
　　ア　原生動物　　イ　細菌　　ウ　藻類
(2) 次の①，②の変化を表すグラフを，それぞれ図Bから記号で選べ。
　　① 溶存酸素
　　② BOD（生物学的酸素要求量）
(3) 図のように河川に流入した汚濁物質が生物などによって減少する働きを何というか。
(4) 多量の下水が流入した河川やそれに続く湖や海で起こる，プランクトンの異常発生を示す語を1つ答えよ。

## ⑥ 地球温暖化

地球温暖化について，各問いに答えよ。
(1) 地球温暖化の原因の1つと考えられているCO₂のように，地表や大気の熱が宇宙に放出されるのを妨げる気体を何というか。
(2) 地球温暖化によって起こると予想される問題を2つあげよ。

## ⑦ 生物濃縮

下の図は，さまざまな生物体内におけるDDT濃度の変化のようすを示したものである。

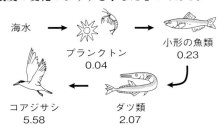

海水　→　プランクトン 0.04　→　小形の魚類 0.23

コアジサシ 5.58　←　ダツ類 2.07

(1) 図中の生物におけるDDT濃度がコアジサシで高い濃度となっているのはなぜか。
(2) DDT濃度が高次消費者において高濃度になることから，DDTは体内でどのような性質をもつ物質であることがわかるか。
(3) コアジサシ体内のDDT濃度は，プランクトン体内のDDT濃度の約何倍に濃縮されているか。小数点以下を四捨五入して答えよ。

## ⑧ 生態系の保全

生態系の保全について，各問いに答えよ。
(1) 食糧品や木材が生態系から得られることは何という生態系サービスに分類されるか。
(2) 生態系が病気や害虫の制御を行っていることは何という生態系サービスに分類されるか。
(3) 2015年の国連総会で採択された，持続可能な開発目標を何というか。
(4) 湿地の保全と利用に関する条約は何か。
(5) 里山が管理されなくなると，生物の多様性は向上するか，それとも低下するか。

## ⑨ 特定外来生物と絶滅危惧種

次のa～dの生物について，各問いに答えよ。
　　a　アマミノクロウサギ　　b　レブンソウ
　　c　グリーンアノール　　d　アホウドリ
(1) a～dのうち，特定外来生物をすべて選べ。
(2) a～dのうち，絶滅危惧種をすべて選べ。

# ホッとタイム

## 🌀 絶滅危惧種・特定外来生物 生物名パズル

⊙ 絶滅危惧種および日本の特定外来生物となる次の **1〜8** の生物名を下の語群から選び，例にならって下のますに記入しよう。**A〜I** にあてはまる文字をつなげると，何という言葉になるかな？ 解答→ p.139

例

1

2

3

4

5

6

7

8

生物名は上に詰めて記入

| 例 | 1 | 2 | 3 | 4 | 5 | 6 | 7 | 8 |
|---|---|---|---|---|---|---|---|---|
| H オ | A | B | C | D | E | | | |
| オ | | | | | | F | | |
| H セ | | B | | | E | | | |
| ン | A | | C | D | | | G | |
| ザ | | | | | | | | I |
| ン | | | | | F | G | I | |
| コ | | | | | | | | |
| ウ | | | | | | | | |

### 語群

アライグマ　　オオキンケイギク
セアカゴケグモ　　タンチョウ　　ツシマヤマネコ
ニホンウナギ　　ブルーギル　　ムサシトミヨ

絶滅危惧種の場合は **A**，特定外来生物の場合は **A** の文字を入れる

| A | B | C | D | E | F | G | H | I |
|---|---|---|---|---|---|---|---|---|
| | | | | | | | セ | |

# 1編 細胞と遺伝子

## 1章 生物の多様性と共通性 … p.26

(1) 1000分の1　　(2) 1000分の1
(3) A…ア　B…ウ
(4) ①c　②b　③a　④d　⑤e　⑥f

考え方 (3) ヒトの眼の分解能は0.1〜0.2mm，光学顕微鏡の分解能は0.2μm。

②

(1) 光学顕微鏡
(2) 植物細胞　(理由)細胞壁と葉緑体が見られ，液胞が発達しているから。(該当細胞)③
(3) ア…細胞壁・b　イ…液胞・d
　　ウ…核・f　　エ…葉緑体・e
　　オ…細胞質基質[サイトゾル]・c
　　カ…ミトコンドリア・a

考え方 (2) 葉緑体は緑葉に見られる。タマネギの鱗葉には葉緑体はない。

③

(1) a…細胞膜，細胞をしきる膜で物質の出入りを調節する。b…小胞体，物質の輸送路。c…ミトコンドリア，有機物からエネルギーを取り出す呼吸の場。d…染色体，遺伝子の本体であるDNAを含む。e…ゴルジ体，物質の分泌を行う。f…中心体，細胞分裂時の染色体の移動に関係する。g…リボソーム，タンパク質を合成する。h…リソソーム，細胞内消化に関係する。
(2) 動物細胞　(理由)中心体が見られ，ゴルジ体が発達している。また，細胞壁がなく，液胞も発達していない。

④

a…タマネギ　　b…アオカビ
c…アメーバ　　d…大腸菌

考え方 dは核膜がないので原核細胞の大腸菌。a，b，cは核膜があるので真核細胞。cは細胞壁がないので動物細胞のアメーバ，bは葉緑体をもたないので菌類のアオカビ。

⑤

(1) a…同化　b…異化　　(2)光エネルギー
(3) 炭水化物，タンパク質，脂質
(4) グルコース，アミノ酸，脂肪酸，モノグリセリド
(5) ATP[アデノシン三リン酸]

考え方 (1) 動物が行う同化は，食物として取り入れた簡単な有機物からタンパク質や核酸を合成する過程である。
(2) 植物は光合成を行い，太陽の光エネルギーを有機物の中の化学エネルギーに変えて蓄える。
(3) 植物は独立栄養生物であり，必要な有機物をすべて自ら合成することができる。
(4) 動物は食物として取り入れた有機物を消化の過程で次のように分解して吸収している。
・デンプンなどの炭水化物→グルコース
・タンパク質→アミノ酸
・脂肪→脂肪酸とモノグリセリド

⑥

(1) ×　　(2) ○　　(3) ×　　(4) ×

考え方 (1) 酵素はタンパク質を主成分としており，さまざまな化学反応の進行を助ける触媒として働いている。
(2) 酵素は基質特異性をもっており，ふつう，1種類の酵素は1種類の基質としか反応しない。
(3) 酵素はタンパク質でできた生体触媒なので温度の影響を受け，ふつう，60℃以上の温度では働きを失う(失活する)。
(4) ペプシンの最適pHは2である。

**(3)** グルコース以外の炭水化物や，脂質，タンパク質も呼吸基質となる。

**(4)(5)** 真核細胞の呼吸でつくられるATPは，一部が細胞質基質(解糖系)とミトコンドリアのマトリックス(クエン酸回路)，大部分がミトコンドリアのクリステ(電子伝達系)でつくられる。

**(1)** a…接眼レンズ　b…鏡筒　c…レボルバー　d…対物レンズ　e…クリップ　f…ステージ　g…反射鏡　h…鏡台　i…調節ねじ　j…アーム

**(2)** ①ア　②エ　③オ　④ク　⑤ケ
①→③→④→⑤→②

**(3)** 接眼ミクロメーター…a
対物ミクロメーター…f

考え方 **(2)** 反射鏡は，低倍率では平面鏡，高倍率では凹面鏡を使う。

⓫

**(1)** 2.5μm　　**(2)** 10.0μm
**(3)** 25.0μm　　**(4)** (秒速)0.5μm

考え方 **(1)** 対物ミクロメーターでは1目盛りは10μmである。図1を見ると，接眼ミクロメーターの4目盛りと対物ミクロメーターの1目盛りが一致しているので，接眼ミクロメーターの1目盛りの長さは次の式から求められる。

$$\frac{1目盛り \times 10μm}{4目盛り} = 2.5μm$$

**(2)** 倍率と接眼ミクロメーターの1目盛りの長さとは反比例の関係にあるので，顕微鏡の倍率を600倍から150倍にすると，1目盛りの長さは理論上4倍となる。

**(3)** この倍率で，核の直径は接眼ミクロメーターの10目盛り分あるので，
10目盛り × 2.5μm = 25.0μm

**(4)** 5秒間に1目盛り(2.5μm)動いたので，
その速さは，$\frac{2.5μm}{5s} = 0.5μm/s$

---

**❼**

**(1)** a…アデニン[塩基]　b…リボース[糖]
c…リン酸

**(2)** d…アデノシン　e…アデノシン二リン酸[ADP]　f…アデノシン三リン酸[ATP]

**(3)** 高エネルギーリン酸結合

**(4)** エネルギーの通貨

考え方 アデニンとリボースが結合したものをアデノシンという。これに1個リン酸が結合したものをAMP(アデノシン一リン酸。Mは1を表すmonoの頭文字)，2個結合したものをADP(アデノシン二リン酸。Dは2を表すdiの頭文字)，3個結合したものをATP(アデノシン三リン酸。Tは3を表すtriの頭文字)という。

**(1)** a…酸素　e…二酸化炭素

**(2)** b…2　c…1　　**(3)** ④　　**(4)** 呼吸

考え方 光合成では，まず葉緑体が光エネルギーを吸収して，ADPとリン酸からATPが合成される。次に，合成されたATPを利用して，
二酸化炭素 + 水 ⟶ 有機物 + 酸素
の反応により，有機物が合成される。よって，bはATP，cはADPとリン酸であり，aの気体は酸素，eの気体は二酸化炭素と考えられる。光合成により合成されたdの有機物は，その植物の呼吸に用いられるだけでなく，その植物を摂食した動物などの呼吸に用いられることもある。

❾

**(1)** a…酸素　b…二酸化炭素

**(2)** 呼吸基質　　**(3)** グルコース

**(4)** ミトコンドリア

**(5)** ア…クリステ　イ…マトリックス

**(6)** 燃焼では有機物が急激に分解されるが，呼吸では段階的にゆっくりと分解される。

考え方 **(1)** 呼吸は，酸素を使って有機物を分解してエネルギーを取り出し，二酸化炭素と水に分解する異化の代表である。

2章 **遺伝子とその働き** ……… p.51

(1) ヌクレオチド
(2) DNA…A[アデニン]・T[チミン]・G[グアニン]・C[シトシン]（順不同）
　RNA…A[アデニン]・U[ウラシル]・G[グアニン]・C[シトシン]（順不同）
(3) a…ア　b…ウ
(4) DNA…デオキシリボース
　RNA…リボース　　(5) 二重らせん構造
(6) ワトソンとクリック　　(7) 30%

考え方 (1)～(4) DNAもRNAも，その構成単位はヌクレオチドである。両者を構成するヌクレオチドの相違点は次のようになっている。

| 核酸 | 糖 | 塩基 |
|---|---|---|
| DNA | デオキシリボース | A, T, G, C |
| RNA | リボース | A, U, G, C |

(7) アデニンが20%であれば，アデニンと相補的なチミンは20%となる。そして残り60%がシトシンとグアニンであり，この2種類の塩基の量は等しいので，60%÷2＝30%

(1) a…C　b…A　c…G　d…T　e…A
(2) 相補性　　(3) ②
(4) A…アデニン　T…チミン
　G…グアニン　C…シトシン

考え方 (1)(2) 2本のDNAのヌクレオチド鎖は弱い結合（水素結合）によって相補的な塩基対をつくる。AとTは2か所の水素結合，GとCは3か所の水素結合で塩基対をつくる。
(3) AとT，GとCが相補的な塩基対をつくるため，AとTの数，GとCの数が等しい。したがって，AとGの和はCとTの和と等しくなる。

(1) シャルガフの規則　　(2) 30.3%　　(3) 20.5%

考え方 (2)(3) 同じ生物の細胞なら，どの細胞でもDNAを構成する塩基の割合は等しい。

(1) 約2m
(2) $4.3 \times 10^4 \, \mu m$
(3) 17200分の1

考え方 (1) ヒトのDNAの塩基対は，
　$60億個 = 6 \times 10^9 個$
であり，DNAの10塩基対の長さが3.4 nmであるから，ヒトのDNA全体の長さは，

$$3.4 \, nm \times \frac{6 \times 10^9}{10} = 2.04 \times 10^9 \, nm$$

$1 \, m = 1 \times 10^9 \, nm$ であるから，

$$\frac{2.04 \times 10^9}{1 \times 10^9} = 2.04 \fallingdotseq 2 \, m$$

(2) ヒトの染色体数は46本であるので，

$$\frac{2 \times 10^6 \, \mu m}{46} \fallingdotseq 0.043 \times 10^6 \, \mu m = 4.3 \times 10^4 \, \mu m$$

(3) 体細胞分裂中期では$G_1$期と比べてDNA量が2倍になっており，

$$\frac{4.3 \times 10^4 \, \mu m \times 2}{5 \, \mu m} = 1.72 \times 10^4 = 17200$$

であるので，17200分の1である。

(1) 細胞周期
(2) A…$G_1$期[DNA合成準備期]
　B…S期[DNA合成期]
　C…$G_2$期[分裂準備期]
　D…分裂期[M期]
(3) A，B，C
(4) A

(1) 動物　（理由）終期に赤道付近からくびれて細胞質分裂をする。
(2) a…核膜　b…染色体
(3) ①→⑥→③→⑤→④→②
(4) ②，4本

（考え方）(1) 動物細胞では，終期に細胞の赤道面でくびれて二分される。

(3) ①は間期の母細胞，②は間期の娘細胞，③は中期，④は終期，⑤は後期，⑥は前期。

(4) 体細胞分裂では，分裂によってできた娘細胞の染色体も母細胞と同じ数の染色体をもつ。

(1) 1 : 1 : 0
(2) 3 : 1 : 0
(3) 半保存的複製
(4) メセルソンとスタール

（考え方）DNAの二重らせんを構成する2本のヌクレオチド鎖が1本ずつにほどけ，それぞれのもとのDNA鎖を鋳型として新しく，もう一方の鎖を複製し，新しく2本のDNA二重らせんができる。この2本の二重らせん（DNA分子）はどちらももとのDNAのヌクレオチド鎖を1本ずつもっているので，この複製の方法はDNAの半保存的複製と呼ばれる。

(1)(2) 1回の分裂ごとに，中間の重さのDNAは軽いDNAと中間のDNA1つずつに，軽いDNAは軽いDNA2本になる。あるいは，$n$ 回分裂後のDNAの比について次の式で求める。

軽いDNA : 中間のDNA $= (2^{n-1} - 1) : 1$

(1) リボース　(2) ウラシル[U]
(3) 1本　　(4) ウ

（考え方）(2) DNAのチミン（T）のかわりに，RNAではウラシル（U）が用いられている。

(4) RNAは，DNAの遺伝情報を細胞質に伝えるmRNA，アミノ酸をリボソームに運んでくるtRNA，タンパク質と共にリボソームを構成するrRNAの3つに大別される。

(1) CAAGUACCGAUUGGC
(2) 核（の内部）　(3) mRNA　(4) 5個

（考え方）(1) DNAからRNAへの遺伝情報の転写では，塩基は下のように対応している。

| DNA | A | T | C | G |
|---|---|---|---|---|
| RNA | U | A | G | C |

(4) mRNAの3つの塩基配列（コドン）が1つのアミノ酸を決定するので，$15 \div 3 = 5$（個）

(1) a…mRNA[伝令RNA]
　　b…リボソーム　c…tRNA[転移RNA]
　　d…アミノ酸　e…タンパク質
(2) 転写　　(3) UACGUA　　(4) 翻訳
(5) スプライシング
(6) 除かれる塩基配列…イントロン
　　翻訳される部分…エキソン
(7) セントラルドグマ

（考え方）真核生物では，核内でDNAからmRNAへの遺伝情報の転写が行われる。このとき塩基配列の中のアミノ酸を示さない部分（イントロン）は取り除かれる。これをスプライシングといい，これによってエキソンと呼ばれる遺伝情報として働く塩基配列だけのmRNAがつくられる。

(1) 核移植実験　　(2) イ

（考え方）(2) 分化した細胞の核でもすべての遺伝情報（ゲノム）をもっている。また，同じ種のゲノムでも，毛色などのようにごくわずかに個体差があり，個体Aと個体Bのゲノムは異なる。

(1) その個体の生命を維持するのに最小限必要な遺伝情報の1セット。
(2) ①×　②○　③×　④○

（考え方）(2) 真核生物では，ゲノムの中で遺伝子として働いているのは数％程度であるが，原核生物ではゲノムのほとんどが遺伝子として働いている。また，ゲノムは生殖細胞の遺伝情報に等しい。

## 2編 生物の体内環境の維持

### 1章 個体の恒常性の維持 ···· p.79

**❶**
(1) ①血液　②リンパ液　③組織液
(2) 体内環境[内部環境] (3) 恒常性[ホメオスタシス]

**❷**
(1) 自律神経系　　(2) ホルモン
(3) 内分泌腺

**❸**
(1) ①イ　②ア　③エ　④ウ
(2) ①a　②d　③e　④c

**❹**
(1) a…右心房　b…右心室　c…左心房　d…左心室
(2) イ，ウ　　(3) d　　(4) 洞房結節

考え方 (2)(3) 心房が収縮すると，心房から心室へ血液が流れ込む。心室が収縮すると，右心室から肺，左心室から全身へ血液が送り出される。
(4) 洞房結節はペースメーカーともいい，これが定期的に興奮することで，心臓の拍動(心臓の収縮リズム)がつくられる。

**❺**
(1) 小脳　　　　(2) b，c，d
(3) 植物状態　　(4) 脳死

考え方 (1) 小脳の働きは筋肉運動の調節とからだの平衡保持，中脳の働きは姿勢保持と瞳孔の大きさの調節。大脳には感覚，随意運動，高度な精神作用の中枢，間脳の視床下部には自律神経と内分泌の中枢，延髄には呼吸運動や心臓の

拍動など生命活動にかかわる中枢が分布している。
(2) 脳幹は間脳，中脳，延髄である。

**❻**
(1) 実線…交感神経　破線…副交感神経
(2) 実線…ノルアドレナリン
　　破線…アセチルコリン
(3) 間脳の視床下部　　(4) 脊髄
(5) ①②④⑥

考え方 (1) 交感神経は，脊髄から出て，各器官に分布し，末端からノルアドレナリンを分泌する。一方，副交感神経は，中脳，延髄および脊髄の下部から出て各器官に直接接続し，末端からアセチルコリンを分泌する。よって，実線が交感神経で，破線が副交感神経とわかる。

**❼**
(1) a…脳下垂体前葉　b…脳下垂体後葉
　　c…甲状腺　d…副甲状腺　e…副腎皮質
　　f…副腎髄質
　　g…すい臓[ランゲルハンス島]
(2) ①バソプレシン，b
　　②鉱質コルチコイド，e
　　③パラトルモン，d　　④チロキシン，c
　　⑤成長ホルモン，a　　⑥インスリン，g
　　⑦糖質コルチコイド，e

考え方 (1) 脳下垂体のうち，頭の前方(顔の側)の部分を前葉，後方の部分を後葉という。
(2) 脳下垂体前葉からは，成長ホルモンのほか，甲状腺刺激ホルモンや副腎皮質刺激ホルモンなどが分泌される。
　副腎皮質からは，糖質コルチコイドと鉱質コルチコイドという2種類のホルモンが分泌される。糖質コルチコイドはタンパク質の糖化を促進することで血糖濃度を上昇させる。また，鉱質コルチコイドは腎臓でのナトリウムイオンの再吸収とカリウムイオンの排出を促進させる。
　チロキシンや糖質コルチコイドなどは代謝を促進させるため，体温調節にも関係している。

## ⑧

(1) X…甲状腺　Y…チロキシン

(2) ①放出ホルモン[甲状腺刺激ホルモン放出因子]

　　②放出抑制ホルモン[甲状腺刺激ホルモン抑制因子]

　　③甲状腺刺激ホルモン

(3) 少なくなる。　(4) フィードバック

考え方 (1) ホルモンYの働きによって代謝が促進されていることから，ホルモンYはチロキシンで，内分泌腺Xは甲状腺だとわかる。

(3) 血液中のチロキシン濃度が上がると，甲状腺に働いてチロキシンを分泌させる甲状腺刺激ホルモンが減り，チロキシンの濃度が下がる。

## ⑨

(1) A…副交感神経　B…交感神経

(2) ①脳下垂体前葉

　　②(すい臓の)ランゲルハンス島　③副腎

(3) a…副腎皮質刺激ホルモン　b…インスリン　c…グルカゴン　d…アドレナリン　e…糖質コルチコイド

考え方 (1) 交感神経は血糖濃度の上昇に，副交感神経は減少に働くことから考える。

## ⑩

(1) 交感神経

(2) ①(間脳の)視床下部　②脳下垂体前葉

　　③副腎　④甲状腺

(3) a…糖質コルチコイド　b…アドレナリン　c…チロキシン

(4) ア…減少　イ…増加

(5) 骨格筋の収縮

考え方 (1) 交感神経は立毛筋を収縮させて皮膚に直接冷たい風が当たるのを防ぐ。また，皮膚の毛細血管を収縮させて，皮膚への血液循環量を減らして血液温度が低下するのを防ぐ。

(5) 骨格筋を細かく収縮させ(身震いし)て，筋肉からの発熱量をふやす。

## ⑪

(1) a…ボーマンのう　b…糸球体

　　c…腎小体[マルピーギ小体]　d…細尿管

　　e…毛細血管　f…腎単位[ネフロン]

(2) b→a　　(3) d→e

(4) ①X…タンパク質，Y…グルコース

　　②Xは高分子の物質なので，糸球体からボーマンのうへ過されないから。

　　Yは糸球体からボーマンのうへ過されるが，細尿管でそれを取りまく毛細血管へすべて再吸収されるから。

　　③66.7(倍)　　④1200 mL　　⑤160 mg

考え方 (2) 糸球体からボーマンのうへタンパク質を除く血しょう成分がろ過され，原尿となる。

(3) 細尿管から毛細血管へすべてのグルコースと，大部分の水・無機塩類が再吸収され，尿となる。

(4) ①②Xは原尿中にはないので，糸球体からボーマンのうへ過されないタンパク質であることがわかる。また，Yは原尿中にあり尿中にはないので，細尿管から毛細血管へと100%再吸収されるグルコースであることがわかる。

③20÷0.3≒66.7

④イヌリンは，尿中では血しょう中の120倍に濃縮されているので，血しょうの量は，

　　10 mL×120＝1200 mL

⑤1200 mLの血しょうに含まれる尿素の量は，

　　0.3 mg/mL×1200 mL＝360 mg 　　——(i)

10 mLの尿中に含まれる尿素の量は，

　　20 mg/mL×10 mL＝200 mg 　　———(ii)

(i)−(ii)が細尿管で再吸収された尿素の量で，

　　360−200＝160 mg

## ⑫

(1) 肝小葉　　(2) 肝細胞　　(3) ③⑥⑦

(4) ビリルビン　　(5) 胆汁

考え方 (3) ATP合成は各細胞内の細胞質基質とミトコンドリアで行われる。また，尿の生成と血液中の塩類濃度の調節は腎臓の働きである。

**2章 体内環境の調節と免疫** … **p.93**

## ❶
(1) 病原体　　(2) 感染症　　(3) 粘液
(4) NK細胞［ナチュラルキラー細胞］

考え方 (4) リンパ球の一種であるNK細胞は，がん細胞やウイルスに感染した細胞など，異常な細胞そのものを排除する細胞である。

## ❷

(1) c, d　　(2) e

考え方 (1) リゾチームは皮膚や粘膜から分泌され，微生物の細胞壁を破壊する。ディフェンシンは微生物の細胞膜を破壊するタンパク質である。
(2) c, dは(1)より間違った記述である。eについては，胃酸はpHが低いため病原体の感染力を低下させる。

## ❸

(1) b, d, e, f　　(2) b, f
(3) a, e, g　　　　(4) b, f
(5) 造血幹細胞

考え方 (1) リンパ球にはT細胞やB細胞，NK細胞が含まれる。
(2) B細胞は骨髄で分化し，成熟する。T細胞は骨髄で分化し，胸腺で成熟する。
(3)(4) マクロファージとB細胞はヘルパーT細胞に，樹状細胞はヘルパーT細胞とキラーT細胞に抗原提示する。
(5) 骨髄の造血幹細胞から赤血球，白血球，血小板のすべての細胞が分化する。

## ❹

(1) マクロファージ　　(2) 増加する。
(3) 大きくなる。　　　(4) 高くなる。

考え方 炎症は組織中のマクロファージによって引き起こされる。マクロファージがサイトカインを分泌すると，血管が拡張され，血流量が増加し，局所が赤く熱をもって腫れる。また，毛細血管の透過性が高まり，組織へ染み出す血しょうが増加する。また，マクロファージが発熱を促すことで，食作用が活性化する。

## ❺

(1) 血小板　　(2) 血餠（けっぺい）
(3) 線溶（せんよう）(フィブリン溶解)
(4) トロンビン　　(5) フィブリノーゲン
(6) カルシウムイオン

考え方 血しょう中のプロトロンビンにカルシウムイオンや血小板からの血液凝固因子などが作用して酵素であるトロンビンができる。
　トロンビンはフィブリノーゲンに作用してフィブリンに変化させる。フィブリンに血球がからんで血餠ができ，傷口を強固にふさぐ。

## ❻

(1) 食作用　　(2) 抗原提示
(3) サイトカイン　　(4) 抗原抗体反応

考え方 抗原を食作用で取り込んだ樹状細胞は（こうげん しょくさよう）T細胞に抗原提示（こうげんていじ）をする。すると，T細胞はサイトカインを放出して，ほかのT細胞やB細胞を活性化させる。B細胞は形質細胞(抗体産生細胞)に分化し，抗体をつくって体液中に放出する。

## ❼

(1) 免疫グロブリン　　(2) 抗原
(3) A…L鎖　B…H鎖　C…可変部
　　D…定常部

考え方 抗体は免疫グロブリンという名称のタンパク質であり，H鎖2本，L鎖2本からなる。H鎖，L鎖ともに可変部と定常部があり，可変部のアミノ酸配列は抗体ごとに異なっている。

## ⑧

(1) 一次応答　　(2) 二次応答
(3) X…イ　Y…ア

考え方 (3) Bを単独で接種させた際に，その前にBは一度接種させているので，二次応答が起こるが，Cを接種させたときには，そのときが初めてCの接種であるので，一次応答が起こる。

## ⑨

(1) Ⅰ型糖尿病
(2) 急激に起こる全身性のアレルギー。
(3) 日和見感染
　　(ひよりみ)
(4) AIDS[後天性免疫不全症候群]

考え方 (1) 自己免疫疾患は免疫反応が自分自身の正常な細胞や組織に対して反応し，攻撃してしまう病気であり，代表的な自己免疫疾患の例として，Ⅰ型糖尿病，関節リウマチ，重症筋無力症などがある。
(2) 免疫が過敏になり，からだに不都合な状態になる症状をアレルギーという。アレルギーのうち，全身の複数の器官で起こる急激なアレルギーがアナフィラキシーである。アナフィラキシーのうち，特に生死にかかわるような重篤なものをアナフィラキシーショックという。

## ⑩

(1) ツベルクリン反応　　(2) BCG
(3) 血清療法

考え方 無毒化・弱毒化した抗原であるワクチンを接種し，感染症を予防する方法が予防接種であり，ほかの動物につくらせた抗体を含む血清を注射することで症状を軽減させる治療法を血清療法という。

## 3編 生物の多様性と生態系

## 1章 植生とその移り変わり … p.112

### ①

(1) 生活形
(2) X…相観　Y…荒原

### ②

(1) a…高木層　　b…亜高木層
　　c…低木層　　d…草本層
(2) ア…c　イ…a　ウ…b　エ…a
　　オ…d　カ…b　　(3) 林床

### ③

①砂漠　　　②サバンナ　　③森林
④ツンドラ　⑤ステップ

考え方 ①砂漠では，極端な乾燥に耐えられる
　　　　　　(さばく)
サボテンのような植物しか見られない。
②サバンナではイネ科の草本の中に，少数の低
　　　　　　　　　　　　　　　　　(かんそう)
木がまばらに見られる。
④ツンドラでは，地衣類・コケ植物などの一部
　　　　　　　　(ちいるい)
の植物しか生育できない。

### ④

(1) A…光補償点　　B…光飽和点
(2) a…呼吸速度　　b…光合成速度
(3) 植物X　　(4) 植物Y
(5) X…陽生植物　　Y…陰生植物

考え方 (1) 光合成速度＝呼吸速度で，見かけ上，
二酸化炭素の出入りのないときの光の強さを光
　　　　　　　　　　　　　　　　　　(ひかり)
補償点という。
(ほしょうてん)
(2) 見かけの光合成速度＝光合成速度－呼吸速度
(3)(4) 光が強いところでは光合成速度の大きい
陽生植物が有利となり，林床のような光が弱い
(ようせい)　　　　　　　(りんしょう)
ところでは，光合成速度は小さいが呼吸速度も
小さい陰生植物が有利となる。
　　　　(いんせい)

❺
(1) a…草本　b…陽樹　c…陰樹
(2) ア…c　イ…b　ウ…c　エ…c
　　オ…a　カ…a　キ…b
(3) a…ウ　c…ア　　(4) 二次遷移

考え方 (2) この図では陽樹を低木と高木に分け
ていないので，低木となるヤシャブシ，高木と
なるアカマツが同じグループである。
(3) ススキやアカマツなど早期に侵入してくる
植物は風散布型，極相種のスダジイやアラカシ
などは栄養分をたくわえた大きな種子(どんぐ
り)をつくる重力散布型である。

❻
(1) 裸地　　(2) 先駆植物[パイオニア植物]
(3) 草原　　(4) 先駆樹種[陽樹]
(5) ⑤陽樹林　⑥陰樹林　(6) ギャップ

考え方 (1)(2) 溶岩流跡地などを裸地といい，裸
地にパッチ状に侵入する植物を先駆植物(パイ
オニア植物)という。先駆植物となるのはスス
キやイタドリ，場合によっては地衣類やコケ植
物などである。
(4) アカマツやハンノキなど，草原に最も先に
侵入する陽生植物の樹種を先駆樹種という。
(6) ギャップができると林床に強い光が当たる
ため，成長の早い陽樹が侵入して林冠まで達す
ることがある。これをギャップ更新という。極
相に達した陰樹林でも，このような更新が常に
起こって多様性が維持される。

❼
(1) ア…寒帯　イ…亜寒帯
　　ウ…温帯　エ…熱帯・亜熱帯
(2) a…熱帯多雨林　b…亜熱帯多雨林
　　c…雨緑樹林　d…照葉樹林　e…硬葉樹林
　　f…夏緑樹林　g…針葉樹林　h…サバンナ
　　i…ステップ　j…砂漠　k…ツンドラ

考え方 降水量が十分である場合には，熱帯地
域には熱帯多雨林，亜熱帯地域には亜熱帯多雨
林，暖温帯には照葉樹林，冷温帯には夏緑樹林，
亜寒帯には針葉樹林が分布する。
　また，熱帯地域の雨季と乾季のある地域には
雨緑樹林，温帯地域の夏季に雨量の少ない地中
海性気候の地域には硬葉樹林が発達する。

❽
(1) 気温　　(2) a…針葉樹林　b…夏緑樹
　　林　c…照葉樹林　d…亜熱帯多雨林
(3) a…エゾマツ，トドマツなど
　　b…ブナ，ミズナラなど
　　c…スダジイ，アラカシ，クスノキ，タブ
　　　ノキなど
　　d…ヘゴ，アコウ，ガジュマルなど

考え方 日本列島は全域にわたって降水量は十
分であるため，人為的な手(定期的に火入れを
して草原を維持するなど)を加えない場合の植
生(極相)は森林になる。したがって，バイオー
ムの分布を決めているのは気温である。南北に
長い日本列島では，緯度方向に沿って100 km
北に行くにしたがって，気温が約1℃低下する。
この緯度のちがいに伴ってバイオームが変わる
水平分布が見られる。

❾
(1) A…高山帯　B…亜高山帯
　　C…山地帯　D…丘陵帯
(2) B…針葉樹林　C…夏緑樹林
　　D…照葉樹林
(3) ア…C　イ…B　ウ…A　エ…D
(4) 森林限界

考え方 気温は，一般に標高が1000 m高くなる
ごとに5～6℃低くなる。そのため，同じ地域
においても，標高のちがいに伴ってバイオーム
が変わる垂直分布が見られる。

**2章 生態系とその保全**……… p.126

 ①

(1) 栄養段階
(2) a…ウ　b…イ　c…エ　d…オ　e…ア
(3) ①a　②c　③b
(4) d＜c＜b＜a

考え方 (4) 生物量は通常，栄養段階が上位になるほど少なくなる。

 ②

(1) 個体数ピラミッド
(2) 生物量ピラミッド
(3) 生産力ピラミッド［生産速度ピラミッド］
(4) 下位の量

考え方 生態ピラミッドは個体数ピラミッド，生物量ピラミッド，生産力ピラミッドの3者がある。どのピラミッドにおいても一般に，栄養段階の下位の量と比較して，栄養段階の上位の量は少なくなる。ただし，1本の樹木に多数の昆虫がすみ着いている場合など，上位の量が多くなる場合もある。ただし，生産力ピラミッドは常に下位の量が上位の量よりも多い。

 ③

(1) 被食者は増加し，捕食者は減少する。
(2) 被食者は減少し，捕食者は増加する。
(3) かく乱［撹乱］
(4) 食物網が複雑な生態系

考え方 (1)(2) 食物連鎖における捕食者と被食者の変動において，捕食者，被食者それぞれの個体数の変動を分析すると，被食者の個体数の変動より少し遅れて捕食者の個体数が変動するので，①捕食者も被食者も増加する時期，②捕食者は増加するが，被食者は減少する時期，③捕食者も被食者も減少する時期，④捕食者は減少するが被食者は増加する時期の4つの時期が順番に生じる。
(4) 単純な生態系では，1種類の生物の個体数

が急激に増減することによりほかの生物の個体数も大きく影響を受ける。それに対し，複雑な生態系では，1種類の生物の個体数が急激に増減してもほかの生物の個体数は大きな影響を受けにくい。

 ④

(1) ヒトデ　　(2) 間接効果
(3) 生息場所を奪われたから。
(4) ヒザラガイの食物である藻類が減少したから。

考え方 (3)(4) 問題の食物網から，ヒトデのみを除去し続けた場合，フジツボやイガイが増加するのは捕食者であるヒトデがいなくなったからである。イガイは岩場を覆うように占有するため，藻類などは生活の場を失い減少したと考えられる。そして，藻類の減少は，藻類を食物としているヒザラガイやカサガイの減少を引き起こす。

 ⑤

(1) a…イ　b…ア　c…ウ
(2) ①f　②d　　(3) 自然浄化
(4) 赤潮，アオコ［水の華］のうち1つ

考え方 (1) 汚水流入地点で有機物を分解する細菌がふえ，次にこれを捕食する原生動物がふえ，その後に藻類が増加する。
(2) BOD(⇒p.119)は酸素が少なく有機物の多いよごれた水ほど高い数値になるので，栄養塩類の変化(e)を大きくしたようなグラフになる。
(4) プランクトンの異常発生とあるので富栄養化ではなく赤潮やアオコ(水の華)のことである。

 ⑥

(1) 温室効果ガス
(2) 海水面の上昇，生態系の破壊など

考え方 (1) 一般には量が多い二酸化炭素がおもな温室効果ガスとして扱われているが，分子の数が同じであればメタンやフロンのほうが強い温室効果を起こすことが知られている。

(2) 地球温暖化により，南極の氷床や大陸氷河が溶けたり，海水が膨張したりして海水面が上昇する。また，気温が上がれば植生は現在の分布より高緯度地域に移るが，温暖化が急激に進めば在来の植物が絶滅することが危惧される。

(1) 栄養段階が高次になるほど食物連鎖を通して生物濃縮が重なっていくから。
(2) 生体内で安定であり，分解や排出が行われにくい物質であること。
(3) 140倍

考え方 (1)(2) DDTは生体内で安定であり，分解されにくく，また排出も困難である。そのため，体内に蓄積し環境中より高濃度となる。この現象は生物濃縮と呼ばれる。食物連鎖の過程を通して高次消費者の体内でより濃縮される。
　なお，DDTなどの有害物質が生物の体内に取り込まれる原因の1つとして，海洋中のマイクロプラスチック（直径5 mm以下の小さなプラスチック）が有害物質を吸着して海洋生物に取り込まれることがあげられる。

(3) $\dfrac{5.58}{0.04} = 139.5$ ∴ 約140倍

(1) 供給サービス　(2) 調節サービス
(3) SDGs　(4) ラムサール条約
(5) 低下する。

考え方 (1)(2) 生態系サービスは，人間が生態系から得られる恩恵であり，供給サービス，調節サービス，文化的サービス，基盤サービスから構成される。
(4) 1971年に制定されたラムサール条約では，湿地の保全と再生，賢明な利用などが目標とされている。

(1) c　(2) a，b，d

p.29
A．アザラシ（哺乳類）
B．トビ（鳥類）
C．シマウマ（哺乳類）
D．ゾウ（哺乳類）
E．ワニ（ハ虫類）
F．コウモリ（哺乳類）
G．コアラ（哺乳類）
H．シーラカンス（魚類）
I．モグラ（哺乳類）

p.128
1．セアカゴケグモ（オーストラリア原産の特定外来生物）
2．アライグマ（北米原産の特定外来生物）
3．ブルーギル（北米原産の特定外来生物）
4．ツシマヤマネコ（絶滅危惧ⅠA類）
5．タンチョウ（絶滅危惧Ⅱ類）
6．ムサシトミヨ（絶滅危惧ⅠA類）
7．ニホンウナギ（絶滅危惧ⅠB類）
8．オオキンケイギク（北米原産の特定外来生物）

| A | B | C | D | E | F | G | H | I |
|---|---|---|---|---|---|---|---|---|
| セ | イ | ブ | ツ | タ | ヨ | ウ | セ | イ |

# さくいん

□ 編集協力　㈱オルタナプロ　南昌宏　鈴木香織　矢守那海子
□ 図版作成　㈱オルタナプロ　小倉デザイン事務所　藤立育弘
□ イラスト　ふるはしひろみ
□ 写真提供　OPO/OADIS　アフロ　気象庁　京都大学 iPS 細胞研究所　ヤクルト本社中央研究所
　　　　　　iStock.com/Nobuhiko Kimoto　iStock.com/2630ben　iStock.com/passion4nature
　　　　　　©graibeard 2009 https://flic.kr/p/7ngbb9　より改変　［p.128 写真 1, 許諾：creativecommons.org/licenses/by-
　　　　　　sa/2.0/deed.ja］　文英堂編集部